DROEMER

Über die Autoren:

Chris Rapley ist Professor für Klimawissenschaft am University College London. Er ist Fellow des St. Edmund's College in Cambridge, Gastwissenschaftler am Jet Propulsion Laboratory der NASA in Pasadena, Mitglied der Europäischen Akademie der Wissenschaften, Vorstandsmitglied des Winston Churchill Memorial Trust, Chairman des Director General's High Level Science Policy Advisory Committee der European Space Agency (ESA) und Chairman der London Climate Change Partnership, die London bedarfsgerecht auf den Klimawandel vorbereiten soll.
Früher war er Direktor des Science Museum in London, Direktor des British Antarctic Survey und Executive Director des internationalen Geosphären-Biosphären-Programms an der Königlich Schwedischen Akademie der Wissenschaften in Stockholm. Davor baute Professor Rapley das Team zur satellitengestützten Erdbeobachtung am Mullard Space Science Laboratory des University College in London auf.
Professor Rapley wurde 2008 die Edinburgh Science Medal verliehen für seinen »entscheidenden Beitrag zum Verständnis und Wohlergehen der Menschheit«. 2003 ernannte man ihn zum Commander of the British Empire.

Duncan MacMillan ist ein preisgekrönter Schriftsteller und Theaterdirektor. Seine Arbeit wurde am Theaterfestival in Avignon vorgestellt, beim Theatertreffen Berlin und bei den Salzburger Festspielen. Seine Stücke werden weltweit aufgeführt, zum Beispiel am National Theatre, am Royal Court Theatre, am Almeida Theatre (alle London), an der Schaubühne Berlin und im Londoner Westend.

Chris Rapley
Duncan Macmillan

2° C

Aus dem Englischen
von Elisabeth Liebl

DROEMER

Besuchen Sie uns im Internet:
www.droemer.de

FSC
www.fsc.org
MIX
Papier aus verantwortungsvollen Quellen
FSC® C083411

Originalausgabe Oktober 2015

Ein Imprint der Verlagsgruppe Droemer Knaur
GmbH & Co. KG, München

Covergestaltung: ZERO Werbeagentur, München
Satz: Sandra Hacke
Druck und Bindung: CPI books GmbH, Leck
ISBN 978-3-426-27683-9

2 4 5 3 1

Für Josephine

Ich habe über die Zukunft nachgedacht.

Es gehört zu meinem Beruf als Klimaforscher, darüber nachzudenken, was die Zukunft wohl bringen mag.

Meine berufliche Laufbahn war ausgesprochen abwechslungsreich.

Ich habe Instrumente für Raketen und Satelliten entwickelt, anfangs, um das Universum und die Sonne zu studieren, danach aber für die Erforschung der Erde, vor allem der Polarregion.

Ich war Leiter des International Geosphere Biosphere Programme (IGBP), das die Aktivitäten von über 10 000 Wissenschaftlern in fünfundsiebzig Ländern koordiniert.

Ich war Direktor des British Antarctic Survey, des britischen Südpolforschungsprogramms. Daher habe ich die Antarktis und den Südlichen Ozean häufig besucht.

Ich war Präsident der internationalen Gruppe von Wissenschaftlern, die alle Forschungsaktivitäten im Hinblick auf die Antarktis koordiniert. Außerdem gehörte ich zu den Verantwortlichen des 4. Internationalen Polarjahrs von 2007 bis 2008. Damals haben Tausende Wissenschaftler aus mehr als sechzig Ländern versucht, in einem »Schnappschuss« ein aktuelles Bild der Polarregionen zu zeichnen.

Meine Arbeit hat mich in Regionen der Erde geführt, die nur wenige Menschen je gesehen haben, und sie hat mich mit Sachverständigen aus aller Welt zusammengebracht. Daher war ich in der Lage, mir selbst ein Bild vom Stand der Dinge zu machen.

Als Direktor des Science Museum in London hörte ich auf, Forschungsprojekte durchzuführen, und fing an, nach Wegen zu suchen, wie Wissenschaftler und Öffentlichkeit sich über komplexe und kontroverse Themen auseinandersetzen können.

Unser Klima ist vermutlich das komplexeste und umstrittenste Thema aller Zeiten: die Frage, ob es sich verändert, wie es sich verändert und in welchem Zeitrahmen.

In der Klimadiskussion kochen die Emotionen schnell hoch. Und wir neigen alle zu vorgefassten Meinungen und irrationalen Entscheidungen, wenn wir uns damit beschäftigen.

Die Probleme werden häufig zu stark vereinfacht, doch das Thema ist nun einmal ausgesprochen vielschichtig.

Das Klimasystem ist ausgesprochen vielschichtig. Es ist auf jeden Fall das komplexeste System, das wir kennen.

Leider ist unser Wissen über das Klima lückenhaft. Es gibt wissenschaftliche Unsicherheitsfaktoren, die sich nicht durchweg klären lassen.

Das macht es extrem schwierig, genau vorherzusagen, was die Zukunft für uns bereithält und was wir, wenn überhaupt, tun sollen.

Außerdem knüpfen sich an die Klimaproblematik wirtschaftliche, politische und ethische Fragen, die nicht leicht zu beantworten sind.

Auf den verschiedenen Regierungsebenen jedoch werden Entscheidungen getroffen, die uns alle angehen. **Wir sollten aber alle an diesem Prozess teilhaben.**

Als Vorsitzender der London Climate Change Partnership gehört es zu meinen Aufgaben, die Verantwortlichen aus dem öffentlichen, privaten und zivilen Sektor zusammenzubringen, um unsere Hauptstadt für den Klimawandel zu wappnen und dafür zu sorgen, dass London zu den bestvorbereiteten Städten gehört.

Bei manchen Aspekten wie zum Beispiel dem Schutz vor Überflutungen erstreckt sich unsere Planung hundert Jahre in die Zukunft.

Auch auf nationaler und internationaler Ebene bereitet man sich auf die Zukunft vor.

Im Dezember des Jahres 2015 werden sich die Vertreter von 195 Nationen in Paris treffen, um über sinnvolle Strategien im Hinblick auf den Klimawandel zu verhandeln.

Ihre Verhandlungen werden sich auf eine detaillierte Zusammenstellung aller klimawissenschaftlichen Daten stützen.

Die Entscheidungen, die dort getroffen werden, gehen uns alle an.

Ich möchte hier die Resultate vorstellen, zu denen die Wissenschaftler gekommen sind, möchte erklären, was sie für uns bedeuten und welche Wahlmöglichkeiten wir haben.

Viel hat sich in meinem Leben verändert.

Als ich zehn Jahre alt war, schenkte meine Mutter mir einen Atlas, in dem weite Bereiche der Antarktis weiß blieben. Dort stand: »Noch unerforscht.«

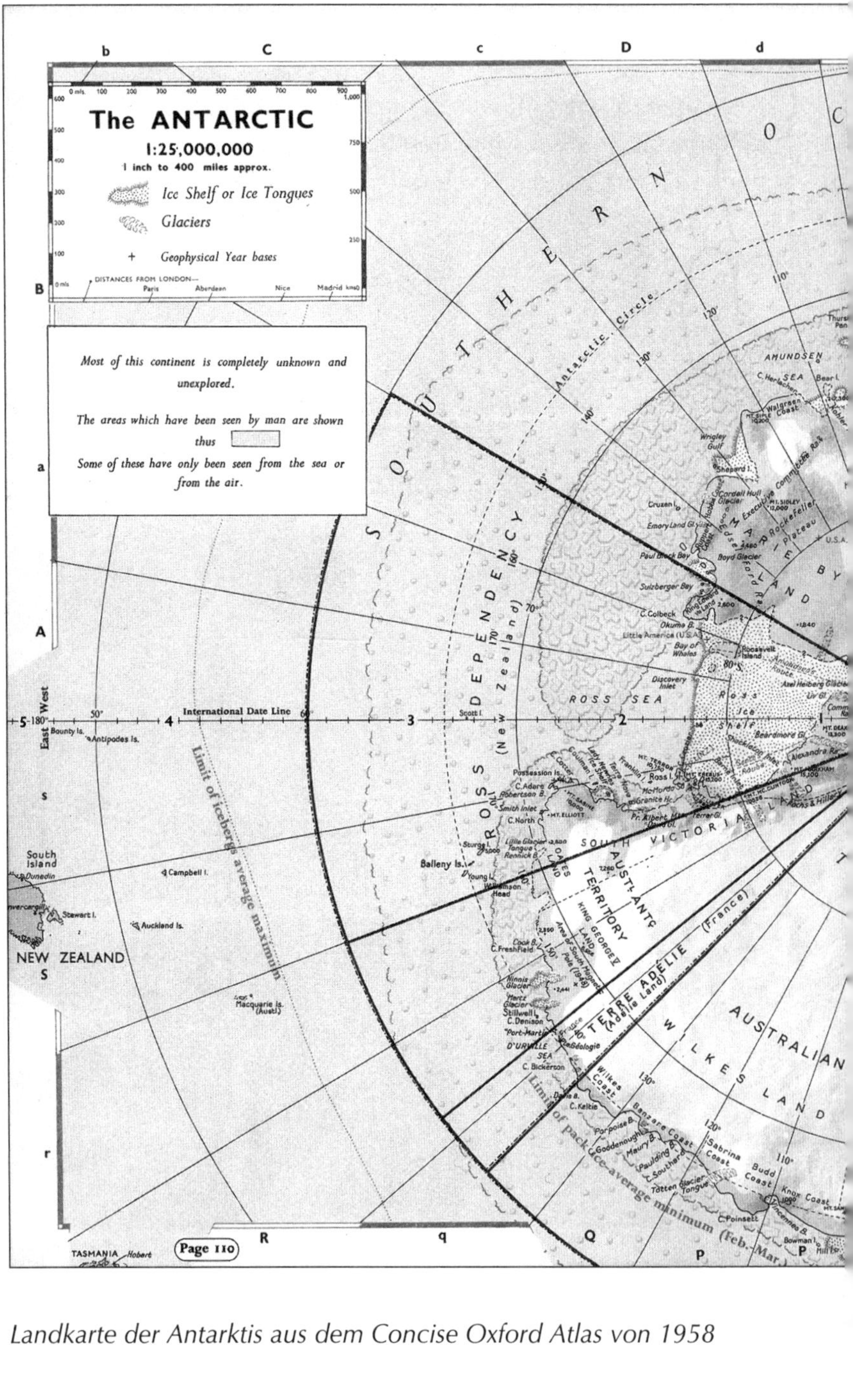

Landkarte der Antarktis aus dem Concise Oxford Atlas von 1958

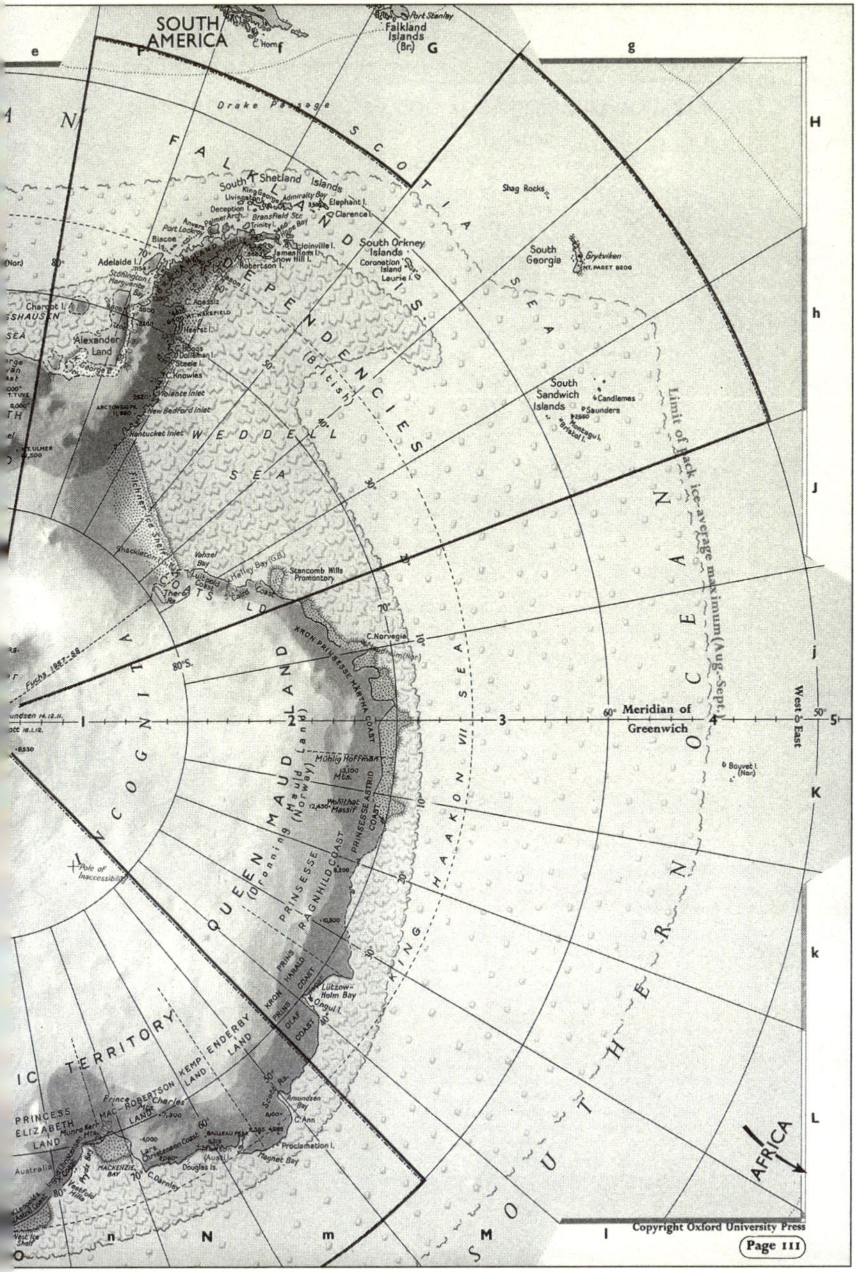

SOUTH AMERICA
C. Horn
Falkland Islands (Br.)
Port Stanley
Drake Passage
SCOTIA SEA
FALKLAND ISLANDS DEPENDENCIES (British)
South Shetland Islands
King George I.
Livingston I.
Admiralty Bay
Elephant I.
Clarence I.
Deception I.
Bransfield Str.
Trinity I.
Palmer Arch.
Anvers I.
Port Lockroy
Biscoe Is.
Joinville I.
James Ross I.
Snow Hill I.
Robertson I.
South Orkney Islands
Coronation Island
Laurie I.
Shag Rocks
South Georgia
Grytviken
MT. PAGET 9200
Adelaide I.
Stonington I.
Marguerite Bay
Charcot I.
Alexander Land
C. Agassiz
MT. WAKEFIELD
Hearst I.
Dolleman I.
Steele I.
C. Knowles
Violante Inlet
New Bedford Inlet
Nantucket Inlet
WEDDELL SEA
Filchner Ice Shelf
Shackleton Ra.
Vahsel Bay
Luitpold Coast
Halley Bay (G.B.)
Stancomb Wills Promontory
COATS LAND
Caird Coast
South Sandwich Islands
Candlemas
Saunders
Montagu I.
Bristol I.
Limit of pack ice-average maximum (Aug.-Sept.)
SOUTHERN OCEAN
Meridian of Greenwich
West East
Bouvet I. (Nor)
C. Norvegia
KRON PRINSESSE MÄRTHA COAST
QUEEN MAUD LAND (Dronning Maud Land) (Norway)
Mühlig Hoffman Mts.
Wohlthat Massif
PRINSESSE ASTRID COAST
PRINSESSE RAGNHILD COAST
PRINS HARALD COAST
KRON PRINS OLAF COAST
KING HAAKON VII SEA
Lützow-Holm Bay
Ongul I.
INCOGNITA
80°S.
Fuchs 1957-58
Pole of Inaccessibility
TERRITORY
ENDERBY LAND
KEMP LAND
MAC-ROBERTSON LAND
PRINCESS ELIZABETH LAND
Prince Charles Mts.
Amundsen Bay
C. Ann
Scott Ra.
Proclamation I.
Magnet Bay
Douglas Is.
C. Darnley
MACKENZIE BAY
Lars Christensen Coast
Ingrid Christensen Coast
Vestfold Hills
West Ice Shelf
Australia
AFRICA

Noch im selben Jahr machte eine bislang ungekannte Abfolge von wissenschaftlichen und technologischen Fortschritten meinen Atlas obsolet, denn die Antarktis wurde erforscht.

1957 machte sich die Commonwealth Trans-Antarctic Expedition an die erste Durchquerung der Antarktis über den Südpol.

Zur selben Zeit arbeiteten trotz des damals herrschenden Kalten Krieges siebenundsechzig Nationen – darunter auch die UdSSR und der Ostblock – zusammen und initiierten das Internationale Geophysikalische Jahr, eine konzertierte wissenschaftliche Aktion zur Erforschung der Erde.

Auf dem Gebiet der Ozeanografie, Meteorologie, Magnetfeldforschung und in anderen Bereichen wurden enorme Fortschritte erzielt.

Eine der Regionen, die am meisten davon profitierten, war die Antarktis, wo man erstmals aus der Luft Radaraufnahmen machte, die die Eisschicht durchdrangen und erstmals ihre unglaubliche Stärke offenbarten: Das Eis am Südpol war bis zu vier Kilometer dick. Damit aber konnte man auch die bergigen Gebiete darunter erstmals vermessen und in einer Karte erfassen.

Am 4. Oktober 1957 schossen die Russen Sputnik 1 ins All, den ersten Satelliten überhaupt.

Ich half meinem Vater, ein Kurzwellenradio anzuschließen, damit wir im Rauschen und Pfeifen des Senders die leisen Pieptöne des Satelliten empfangen konnten, wenn er über uns hinwegflog.

Nur vier Jahre nach Sputnik wurde Juri Gagarin der erste Mann im All. Und wiederum nur zwölf Jahre später – am 20. Juli 1969 – setzten Neil Armstrong und Buzz Aldrin ihren Fuß auf den Mond.

Zu jener Zeit hatte ich gerade meine Abschlussprüfung im Hauptfach Physik an der Universität Oxford gemacht und wartete bei meinen Eltern zu Hause auf das Ergebnis.

Wir sahen uns die verschwommenen Aufnahmen der Fußabdrücke auf dem Mond auf einem Schwarzweißfernseher der Firma Murphy an.

1971, nur wenige Jahre später, begann ich dann meine Karriere als Forscher. Ich plante und baute meine ersten Raketen- und Satelliteninstrumente, mit deren Hilfe ich den Kosmos studieren wollte.

Dann ging ich zur NASA nach Amerika, wo ich an Satelliten mitarbeitete, die Sonneneruptionen erforschen sollten – explosive Entladungen in der Atmosphäre der Sonne.

Sechs Jahre später saß ich an einem Anschlussprojekt. Dabei bekam ich zum ersten Mal Daten von einer anderen Satellitenmission zu Gesicht, bei der die NASA Pionierarbeit leistete. Der Satellit hieß Seasat.

Ich sah die erste Konturenkarte des antarktischen Eises.

Statt also von der Erde wegzugucken, sah Seasat sie genau an. Er nutzte seine Radarinstrumente, um Ozeane und Polarregionen zu vermessen.

Er konnte die genaue Form der Eisdecke aufzeichnen. Und ihre Veränderungen über einen gewissen Zeitraum aufzeigen.

Ich wusste einfach, dass ich bei dieser Mission dabei sein musste.

In den nächsten fünfzehn Jahren baute ich eine Forschergruppe auf, die sich auf die Entwicklung und Nutzung von Radar-Altimetern spezialisierte, welche von Satelliten aus Karten der Polarregionen erstellten.

Gleichzeitig war ich Mitglied einer kleinen Gruppe von Wissenschaftlern aus ganz Europa, die mit der Europäischen Weltraumorganisation (ESA) zusammenarbeiteten, um Satelliten zur Erdbeobachtung zu entwickeln.

Diese Arbeit gipfelte in der Entwicklung von Cryosat, einem Satelliten, der heute noch aktiv ist. Er nimmt Millionen Messungen vor und bestimmt mit bislang ungekannter Genauigkeit und Schärfe die Dicke des Polareises.

Die Antarktiskarten, die Cryosat uns liefert, zeigen 96 Prozent des Kontinents.

Heute ist nur ein Bruchteil dieser Region »noch nicht erforscht«.

Höhenkarte der antarktischen Eisdecke vom Cryosat-Satelliten der Europäischen Weltraumorganisation

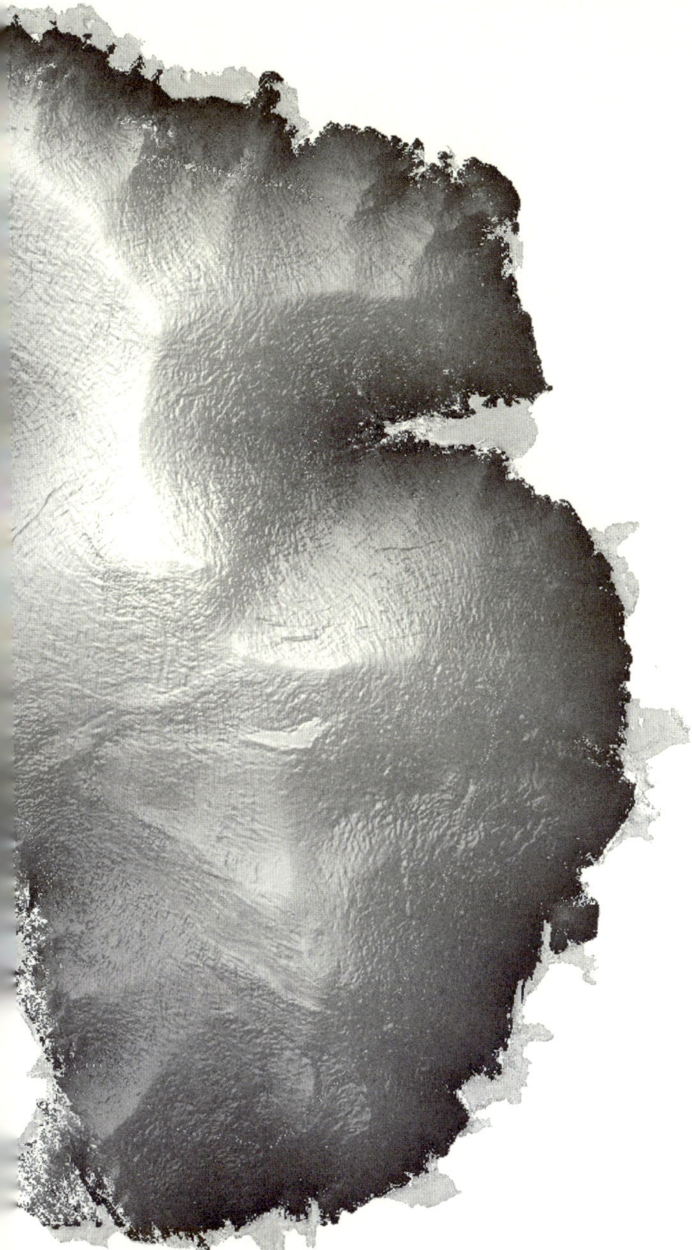

Und nicht nur die Polarforschung hat von der Satellitentechnologie profitiert.

Die hochentwickelten Instrumente, die heutzutage zum Einsatz kommen, erlauben uns, in bisher ungekannter Präzision die wesentlichen Komponenten der Erde zu vermessen und zu kartografieren: die Atmosphäre, die Ozeane, die Eisdecke und das Festland.

Für Weltraum-Radarsysteme sind weder Wolkendecken noch Dunkelheit ein Hindernis. Und anders als der Mensch funktionieren sie selbst im tiefen Winter der Polarregionen noch korrekt.

Bildgebende Verfahren stellen die Oberfläche der Eisdecke bis auf den Quadratmeter genau dar. Andere hochsensible Instrumente zeichnen minimale Schwankungen der Erdanziehung auf, so dass wir Veränderungen in der Masse der Eisdecke und der Ozeane registrieren können.

Diese aus dem Weltall gewonnenen Daten kombinieren wir mit anderen Messungen von Flugzeugen, Schiffen, Bojen und hochspezialisierten Messinstrumenten am Boden.

Darüber hinaus haben wir aufgrund unseres Wissens über physikalische Gesetzmäßigkeiten Computermodelle erstellt, die uns ermöglichen, unsere Beobachtungen sinnvoll auszuwerten.

Aus all diesen Gründen haben wir nun erstmals einen umfassenden Überblick über das System Erde als Ganzes, über seine Teile und die Wechselwirkung zwischen ihnen.

Diese Teile sind:

Die Atmosphäre – die Gasschichten, die unseren Planeten umgeben.

Die Hydrosphäre – die Ozeane, Seen und Flüsse der Erde.

Die Kryosphäre – das Eis an Land und auf See, der Schnee und der Permafrostboden.

Die Lithosphäre – die äußerste Schicht der Erde aus Fels und Stein, die den Großteil der Masse unseres Planeten ausmacht.

Die Biosphäre – alles Leben auf der Erde, uns eingeschlossen.

Das System Erde verhält sich auf komplexe Art und Weise, die mitunter kontra-intuitiv ist, also nicht unbedingt so funktioniert, wie unsere »Logik« uns dies erwarten ließe. Trotzdem sind die grundlegenden Prinzipien einfach:

Die einzelnen Sphären der Erde beeinflussen sich gegenseitig. Sie tauschen Energie aus, und zwar so, dass sich daraus ein **dynamisches Gleichgewicht** ergibt.

Dieses dynamische Gleichgewicht herrscht zwischen vielen Komponenten des Systems, zum Beispiel beim Austausch von Kohlenstoff zwischen Atmosphäre, Ozean, Land und Vegetation oder der Masse von Festland- beziehungsweise Meereisflächen.

Vor allem aber befindet sich unsere Energiebilanz in einem dynamischen Gleichgewicht: Das heißt, dass im Laufe der Zeit die Menge der Energie, die den Planeten verlässt, der Menge entspricht, die der Planet aufnimmt.

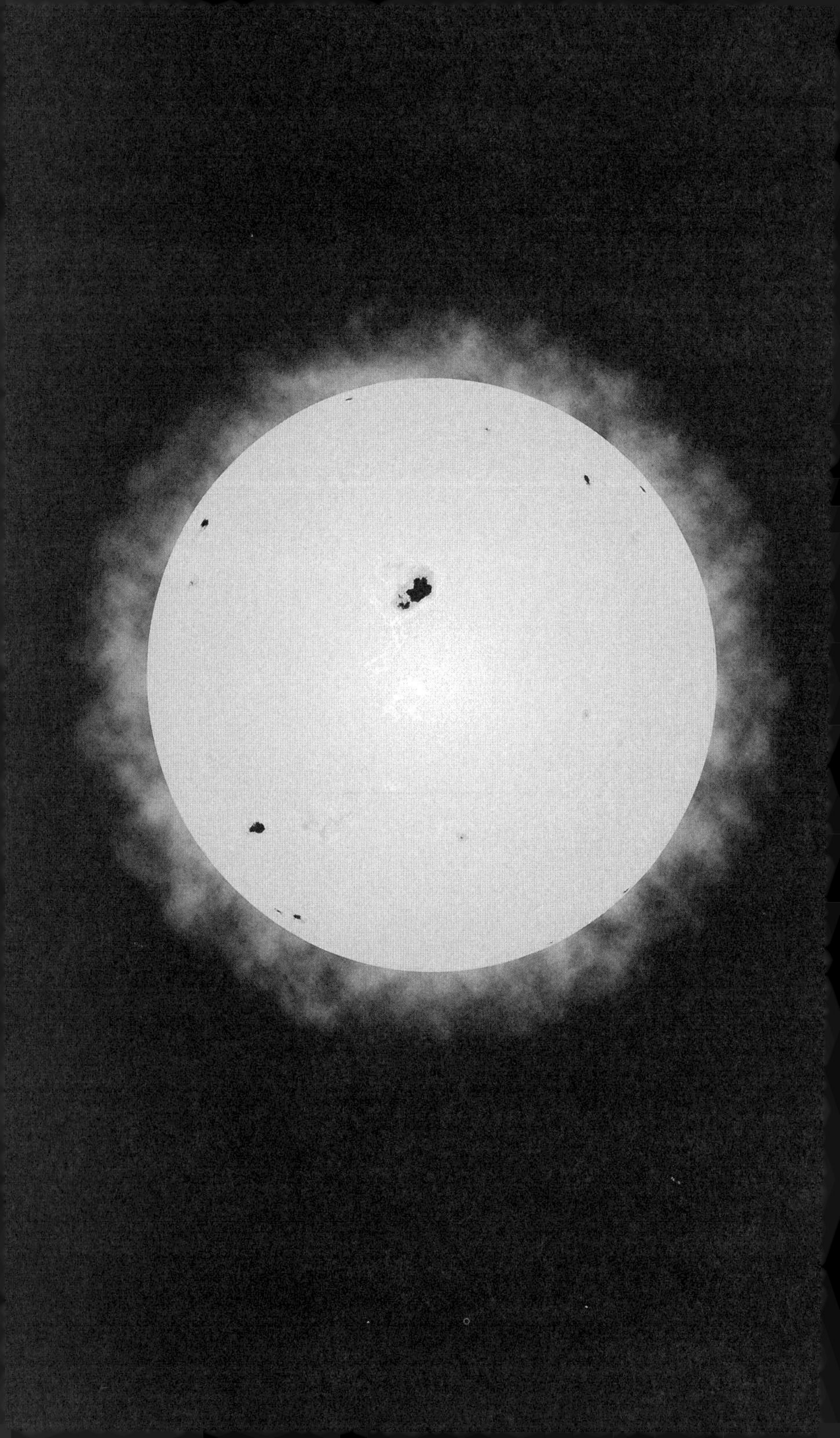

Unsere grundlegende Energiequelle ist die Sonne.

Etwa ein Drittel der Sonnenenergie wird von Wolken, Dunst und der Erdoberfläche reflektiert.

Etwa ein Viertel wird von der Atmosphäre absorbiert.

Von dem, was übrig bleibt, absorbieren 90 Prozent die Ozeane.

Der Rest der Energie fließt in Boden und Eis ein.

Da die Äquatorregionen der Sonne näher liegen, nehmen sie mehr Energie auf als die Polarregionen. Die Abstrahlung dieses Überschusses hält den Kreislauf der Ozeane und der Atmosphäre am Laufen.

Wärmeenergie, die von der Erdoberfläche in den Weltraum abgestrahlt wird, wird teilweise durch Spurengase in der Atmosphäre absorbiert – Wasserdampf, Methan und Kohlendioxid.

Der Austausch zwischen Atmosphäre, Ozeanen und der Eisschicht über dem Festland bzw. den Meeren ist die treibende Kraft hinter dem natürlichen Wandel unseres Klimas.

Das System Erde ist sehr sensibel. Selbst eine winzige Änderung in einem der untergeordneten Systeme kann eine ganze Kette von Reaktionen in den anderen Subsystemen in Gang setzen.

Wenn diese Veränderungen die Energiebilanz betreffen, werden die Auswirkungen im gesamten System spürbar.

Solche Veränderungen können vielgestaltig sein: Zum Beispiel kann sich die Menge der Energie ändern, die wir von der Sonne empfangen – durch Fluktuationen in der Helligkeit der Sonne oder durch winzige Abweichungen in der Umlaufbahn der Erde bzw. der Erdneigung, die unsere Distanz und Orientierung zur Sonne hin beeinflussen.

Auch die Menge der von der Erde abgestrahlten Energie kann sich ändern: durch Veränderungen in der Wolkendecke, Vulkanausbrüche, die Staub und Dunst in die oberen Schichten der Atmosphäre schleudern, oder Wandel in der Schnee- bzw. Vegetationsdecke.

Und natürlich spielt auch die Beschaffenheit der Atmosphäre eine Rolle: Die Konzentration von Wasserdampf, Methan und Kohlendioxid beeinflusst den Verlust von Energie von der Erde an den Weltraum.

Wann immer es zu solchen Veränderungen kommt, passt sich unser Klima an, bis ein neues energetisches Gleichgewicht erreicht ist.

Manche Veränderungen verstärken sich gegenseitig. Besonders deutlich wird dies in den Polarregionen, wo das Abschmelzen der hochreflektiven Eis- und Schneedecke die darunterliegenden dunklen, Wärme absorbierenden Boden- oder Ozeanschichten freilegt.

Dies wiederum verstärkt das Abschmelzen der Eisschilde und steigert die Erwärmung vor Ort.

Da der Großteil der Energie von den Ozeanen absorbiert wird, wird ein Wandel zuallererst in der Hydrosphäre spürbar.

Um ein energetisches Ungleichgewicht in den Ozeanen zu erforschen, können wir die Daten analysieren, die uns das weltweite Netzwerk der Treibbojen liefert, das wir als Argo Floats kennen.

Seit dem Jahr 2000 haben mehr als dreißig Nationen etwa 3500 von diesen Messrobotern weltweit über die Ozeane verteilt.

Die Instrumente registrieren Temperatur, Salzgehalt und Druck bis in eine Tiefe von 2000 Metern.

Diese Messdaten vergleichen wir mit aktuellen und historischen Daten von Schiffen und anderen Bojensystemen, um so den Wärmegehalt der Ozeane und seine Veränderungen einzuschätzen.

Darüber hinaus messen wir ständig den Meeresspiegel, der ansteigt, wenn die Temperatur steigt. Der Meeresspiegel ist sozusagen ein globales Thermometer.

Der globale Meeresspiegel kann historisch rekonstruiert werden, indem wir die Uferstrukturen weltweit studieren ebenso wie archäologische Daten, zum Beispiel die Lage und Höhe der Häfen aus römischer Zeit. Diese erlauben uns Aussagen über die Höhe des Meeresspiegels in vergangenen Epochen.

Außerdem werden seit über hundert Jahren Aufzeichnungen über den Gezeitenpegel in verschiedenen Seehäfen geführt, deren Ziel es ist, den Seefahrern und Ingenieuren verlässliche Daten für ihre Arbeit zu liefern.

Mittlerweile werden diese Aufzeichnungen an über 300 Orten auf der Erde erstellt. So entstand das Global Ocean Sea Level Network (GLOSS).

In den letzten beiden Jahrzehnten haben Radar-Altimeter von Satelliten die Messungen des Meeresspiegels revolutioniert.

Sie decken fast die gesamte Ozeanfläche ab und können selbst minimale Veränderungen im Bereich von Millimetern erfassen.

Die Zusammenschau all dieser Daten zeigt, dass der globale Meeresspiegel über mehrere tausend Jahre hinweg relativ konstant blieb.

Ende des 19. Jahrhunderts aber begann er plötzlich anzusteigen.

Im 20. Jahrhundert stieg der globale Meeresspiegel um 1,8 Millimeter pro Jahr.

In den letzten zwei Jahrzehnten hat sich der Anstieg fast verdoppelt auf 3,3 Millimeter pro Jahr.

Das hört sich nach nicht viel an – aber es zeigt, dass das dynamische Gleichgewicht der Energie in unserem Klimasystem gestört wurde.

Globaler Meeresspiegel: durchschnittlicher Anstieg, ermittelt aus Gezeitenaufzeichnungen und gemessen durch Satelliten-Radar-Altimeter

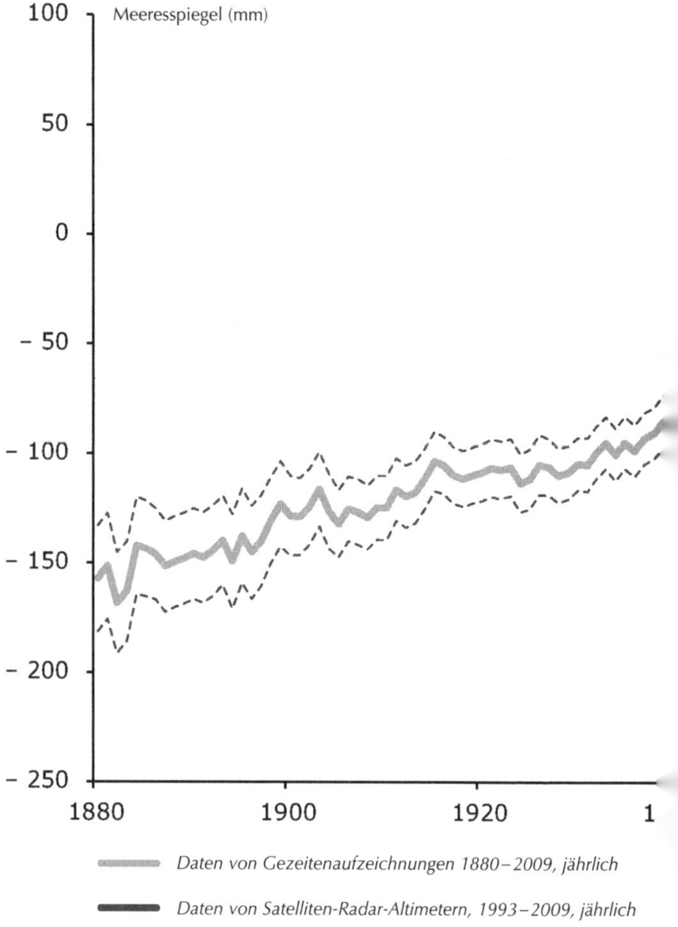

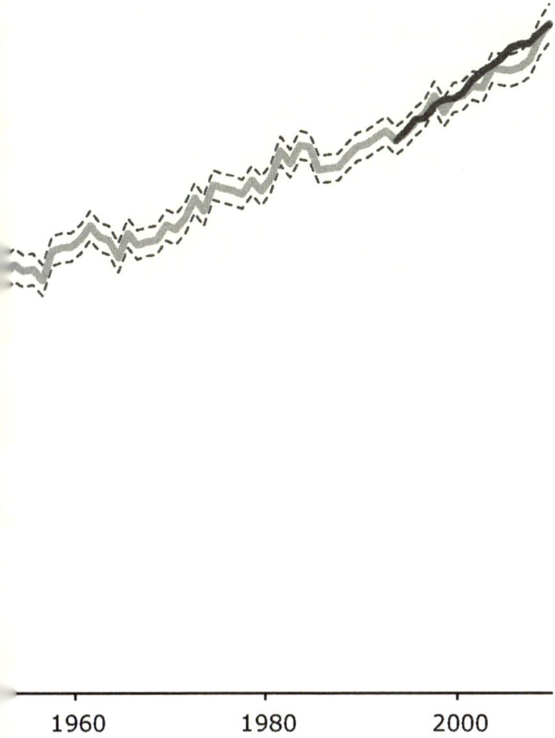
1960
1980
2000

Um zu verstehen, was diese Veränderung konkret für uns bedeutet, müssen wir sie vor dem Hintergrund der Erdzeitalter betrachten.

In den Felsen und Ozeansedimenten ist die Vergangenheit der Erde gespeichert. Häufig sind die Anhaltspunkte unklar und örtlich begrenzt, doch immerhin – sie sind da.

Wenn wir diesen Anhaltspunkten nachgehen, entdecken wir, dass das Klima auf der Erde sich mehrfach verändert hat. Diese Veränderungen dauerten unterschiedlich lange und hatten ganz unterschiedliche Gründe.

Über die Geschichte der Erde kurz nach ihrer Entstehung vor 4,5 Milliarden Jahren wissen wir nur wenig.

Doch immerhin wissen wir, dass die Biosphäre entstand, sobald die physikalischen Bedingungen dies zuließen – vor etwa 3,5 Milliarden Jahren.

Wie die anderen Subsysteme unseres Planeten tritt auch die Biosphäre mit dem Rest des Systems auf komplexe Weise in Wechselwirkung, ganz besonders mit der Atmosphäre.

Bei der »Großen Sauerstoffkatastrophe«, die vor 2,3 Milliarden Jahren begann, fingen lebende Organismen an, durch Photosynthese Sauerstoff in einer substanziellen Größenordnung zu produzieren.

Diese Katastrophe, die für die damals lebenden anaeroben Organismen tödlich war, verwandelte die Atmosphäre erst in die sauerstoffreiche Schicht, die wir heute kennen.

In den letzten 500 Millionen Jahren schwankte das Klima zwischen Warmzeiten (sehr viel wärmer als heute) und Kaltzeiten, in denen sich an einem oder beiden Polen der Erde dicke Eisdecken bildeten.

Vor etwa 360 bis 300 Millionen Jahren, im Karbon, bildeten sich durch hohe Temperaturen und enorme Luftfeuchtigkeit weite Sumpfwälder aus.

Diese Vegetation starb ab und wurde von Sedimenten überlagert, die deren Überreste unter starkem Druck zusammenpressten. Durch geothermische Wärme entstanden unsere heutigen Kohle-, Öl- und Gasvorkommen.

Vor etwa 250 Millionen Jahren – im Reptilienzeitalter – war die Temperatur unseres Planeten sehr viel höher als heute. Das galt auch für die Kohlendioxidkonzentration in der Atmosphäre.

Das Zeitalter der Säugetiere begann vor etwa 65 Millionen Jahren nach einem Meteoriteneinschlag, in dessen Gefolge mehr als drei Viertel aller Pflanzen- und Tierarten auf der Erde ausstarben.

Doch das Leben erholte sich allmählich wieder.

Dabei kühlte der Planet langsam ab. Vor etwa 34 Millionen Jahren entwickelte sich dann die Eisdecke am Südpol.

Das System machte noch eine Warmzeit durch, nach der sich vor etwa 20 Millionen Jahren die aktuelle Kaltzeit einstellte, in der wir heute leben.

Über die letzten 2,5 Millionen Jahre haben die Eisdecken an beiden Polen regelmäßig zu- und wieder abgenommen, anfangs in einem Zyklus von etwa 40000 Jahren. Seit etwa einer Million Jahren hat sich ein Zyklus von 110000 Jahren herausgebildet, der von minimalen Veränderungen im Orbit der Erde und der Orientierung der Erde zur Sonne ausgelöst wird.

Das Zu- und Abnehmen der Eisdecke hat natürlich starke Auswirkungen auf den Meeresspiegel.

Während des Übergangs vom Höhepunkt der letzten Kaltzeit vor 18000 Jahren zum Beginn der aktuellen interglazialen Wärmeperiode stiegen die Ozeane weltweit um 120 Meter an, und zwar ziemlich gleichmäßig um einen Meter pro Jahrhundert, also 10 Millimeter pro Jahr.

Vor 12 000 Jahren endete die letzte Kaltzeit, und das Holozän begann.

Die mittlere globale Temperatur stabilisierte sich. Sie ist seitdem sehr langsam um etwa 1 Grad Celsius gesunken. Die Schwankungen nach unten oder oben blieben dabei auf höchstens 1 Grad Celsius begrenzt.

Das Holozän war eine außerordentlich stabile Periode. Ähnliches hat es in der Klimageschichte bisher noch nie gegeben.

Es heißt, dass dieses relative Gleichgewicht dazu beigetragen hat, dass unsere Spezies sich entwickeln konnte und wir Menschen zuerst die Landwirtschaft, dann die Zivilisation und schließlich die moderne Welt hervorbrachten.

Doch selbst die minimalen klimatischen Veränderungen im Holozän hatten für die Menschen gewaltige Konsequenzen.

So ergab sich über der nördlichen Halbkugel zwischen dem 10. und dem 13. Jahrhundert regional eine Erwärmung von bis zu 1 Grad Celsius.

Dies war die »Mittelalterliche Warmzeit«, in der die Wikinger in Grönland große Siedlungen gründeten.

Vom 16. bis zum 19. Jahrhundert folgte dann eine Zeit der Abkühlung, die wir als »Kleine Eiszeit« kennen. Damals fror mehrfach die Themse zu, und die Wikingersiedlungen in Grönland wurden aufgegeben.

Diese Temperaturschwankungen aber fielen im Vergleich zur Veränderung innerhalb eines Eiszeitzyklus von 110 000 Jahren gering aus.

Während der letzten 2000 Jahre blieben die Abweichungen beim globalen Meeresspiegel auf 0,2 Millimeter pro Jahr begrenzt.

Vor diesem Hintergrund sind der im letzten Jahrhundert beobachtete Anstieg von 1,8 Millimeter pro Jahr und der Anstieg von 3,3 Millimeter pro Jahr, den wir aktuell verzeichnen, geologisch bedeutsam.

Die aktuelle Rate gleicht eher den Werten, die am Übergang von einer Kaltzeit zu einer interglazialen Warmzeit auftreten, was einem massiven Klimawandel gleichkommt.

Dies geschieht mitten in einer interglazialen Warmzeit zu einem Zeitpunkt außerhalb des natürlichen Zyklus, in dem Kalt- und Warmzeiten aufeinanderfolgen.

Um diesen Wandel in der Hydrosphäre zu verstehen, müssen wir uns das Geschehen in der Kryosphäre ansehen, vor allem am Schelfeis.

Als Schelfeis bezeichnet man gewaltige Eisplatten mit einer Dicke von mehreren hundert, manchmal sogar tausend Metern, die unmittelbar vor den Festland-Eisschilden auf dem Meer treiben, weil sie sich vom Eisschild auf dem Festland gelöst haben.

Sowohl der Eisschild als auch das Schelfeis bewegen sich unter dem Einfluss der Gravitation auf den Ozean zu.

Das Schelfeis läuft gewöhnlich im flachen Wasser vor dem Festlandsockel auf Grund. Wenn das geschieht, wird seine Vorwärtsbewegung gebremst, wodurch sich am dahinterliegenden Eisschild Druck aufbaut.

Wenn die Temperatur des Ozeans steigt, erwärmt sich das Wasser an der Unterseite des Schelfeises. Dann brechen kleinere Stücke davon ab – die Eisberge.

Wenn das Schelfeis kollabiert, wird der Druck auf den Eisschild dahinter geringer. Dann fließt der Eisschild noch schneller auf den Ozean zu. Dadurch steigt der Meeresspiegel an.

1995 ist das nördlichste Eisschelf der antarktischen Halbinsel zusammengebrochen.

Zum ersten Mal seit Tausenden von Jahren konnte man mit einem Schiff James Ross Island umsegeln. Die Insel war bis dahin durch Schelfeis mit der Trinity Coast verbunden.

Die Eisschelfe der nördlichen Halbinsel haben sich sogar im Holozän stark verändert, so dass dieses Ereignis noch nicht unbedingt auf einen klimatischen Wandel hinwies.

Doch seitdem gab es eine ganze Welle von Zusammenbrüchen: Das Larsen-A-Schelf kollabierte 1995, das Wilkins-Schelf 1998, das Larsen-B-Schelf 2002.

Der Kollaps des Larsen-B-Schelfs war besonders bedeutsam, weil die dadurch frei werdenden Sedimente untersucht werden konnten. Die Bohrkerne zeigten, dass das Schelf seit dem Höhepunkt der letzten Kaltzeit vor 18000 Jahren an seinem Platz war.

2008 und 2009 brachen Teile des Wilkins-Schelfs zusammen, das das größte an der Westküste der antarktischen Halbinsel ist. In zwei Jahren wurde das Schelf auf ein Drittel seiner ursprünglichen Größe reduziert.

Ich bin im Jahr 2009 über das Wilkins-Schelf geflogen und habe auf die grenzenlos scheinende Fläche von zerbrochenem Eis hinuntergeschaut. Es sieht aus wie ein zerbrochenes Fenster.

Der Pilot, der dieses Gebiet seit mehr als zwanzig Jahren überfliegt, sagt, er habe so etwas noch nie gesehen.

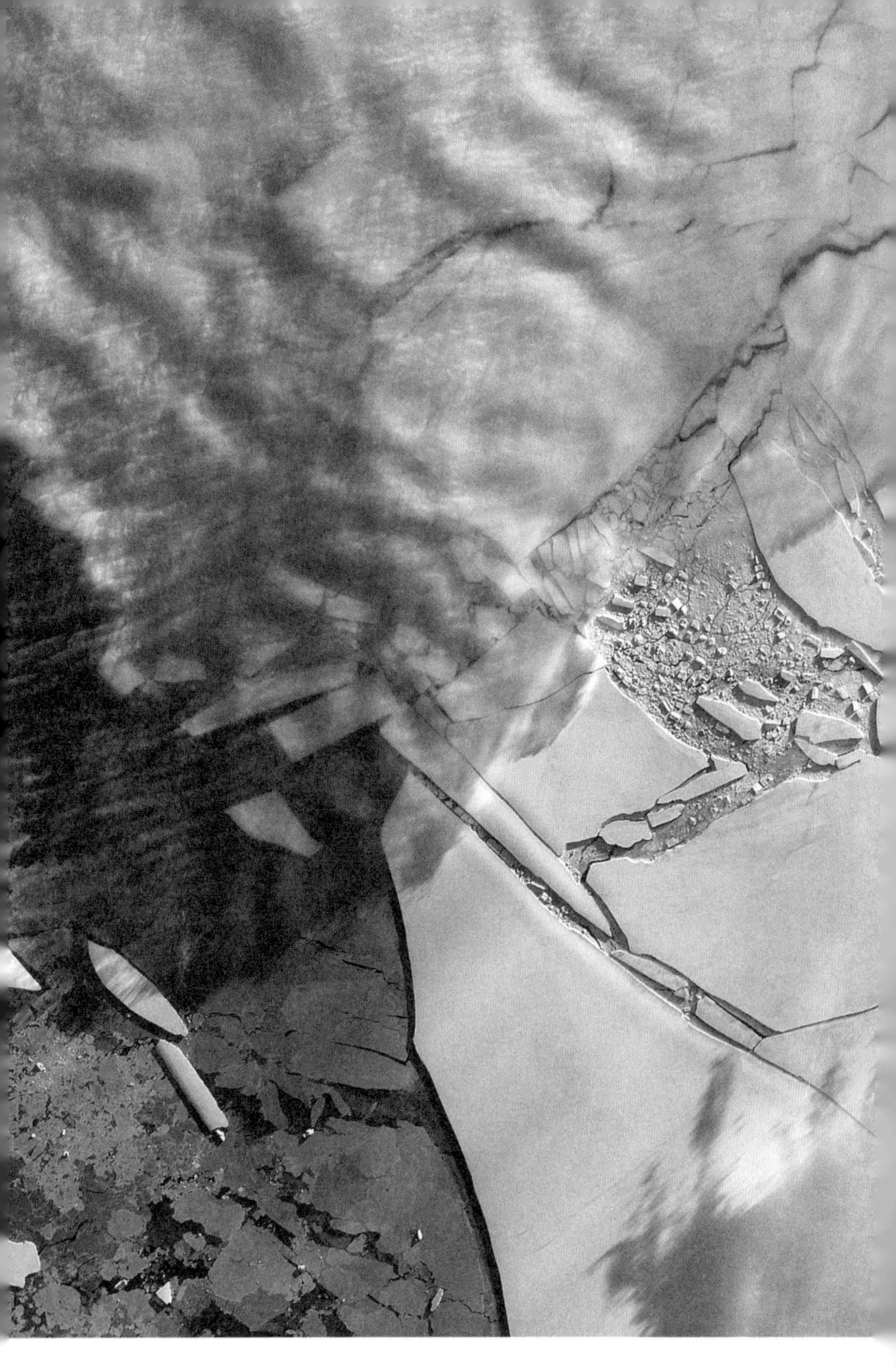

Das Wilkins-Eisschelf an der Westseite der antarktischen Halbinsel

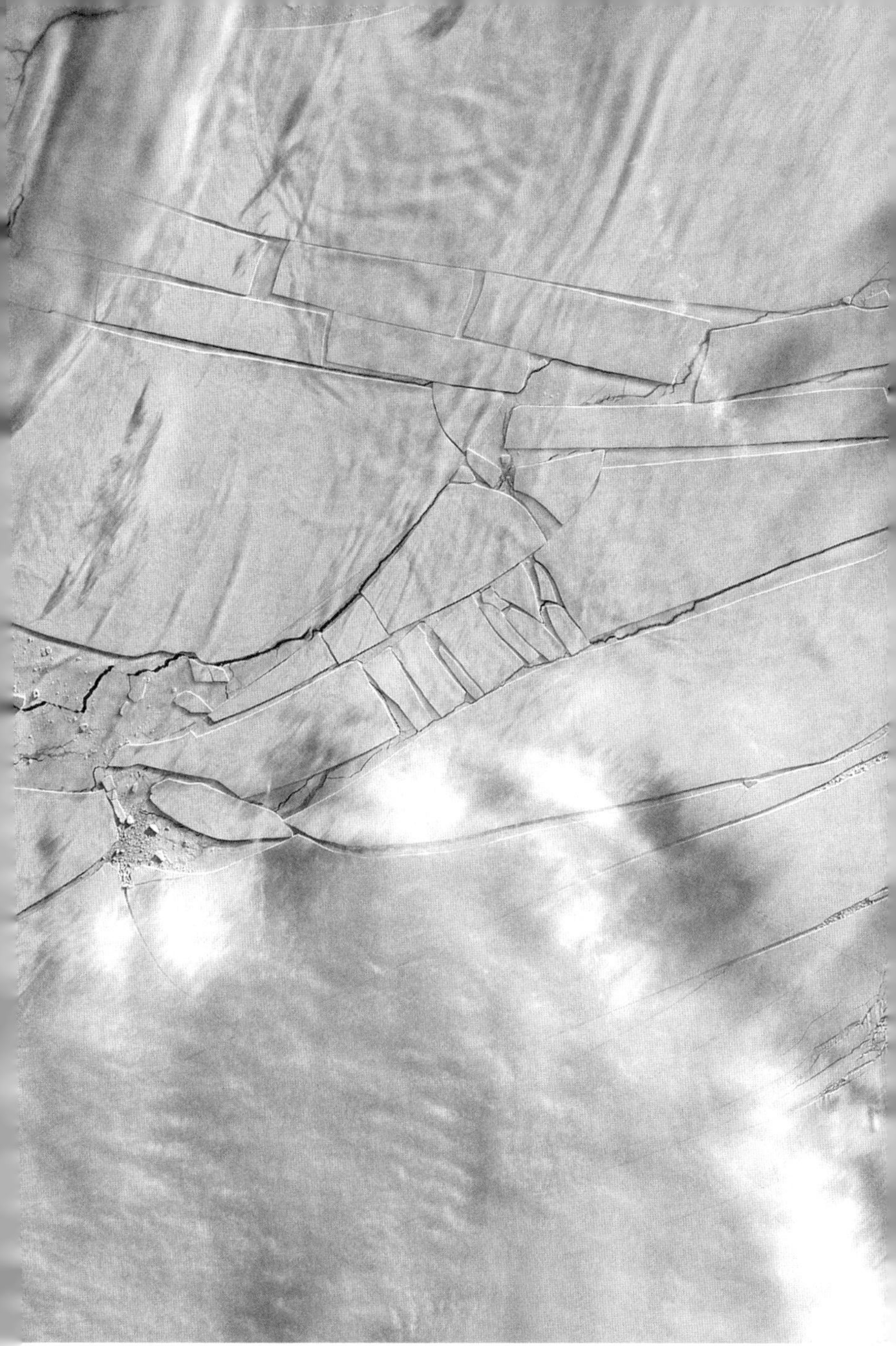

1978 hatte John Mercer, ein US-Glaziologe, der die Antarktis gut kannte, geschrieben, dass in einer sich erwärmenden Welt die Eisschelfe rund um die antarktische Halbinsel zusammenbrechen würden.

Er meinte, dies sei ein Alarmzeichen, denn es würden noch weit besorgniserregendere Ereignisse anstehen.

Die antarktische Halbinsel schließt an die westliche Seite des Kontinents Antarktika an.

Das wichtigste Merkmal der westlichen Antarktis ist die Tatsache, dass ihr massiver Eisschild auf einem felsigen Untergrund aufsitzt, der zwei Kilometer unter dem Meeresspiegel liegt.

Aus diesem Grund nennt man ihn auch den marinen Eisschild.

Mercers Sorge war folgende: Wenn die Zusammenbrüche sich bis nach Westantarktika fortsetzten, würde wärmeres Wasser in die Tiefe des marinen Eisschilds fließen und diesen anheben. Dadurch könnte das Wasser tiefer und tiefer unter das Eis eindringen. Die Reibung zwischen Eis und Felsen würde verringert. Dann käme ein nicht mehr aufzuhaltender Zusammenbruch in Gang.

Damit aber würde der Meeresspiegel um mehrere Meter ansteigen, da das Gesamtvolumen des Eises in Westantarktika zu einem Anstieg des globalen Meeresspiegels von sechs Metern führen kann.

Nun sind die Eisschelfe an der antarktischen Halbinsel genauso zusammengebrochen, wie Mercer dies befürchtet hat. Mittlerweile beginnen auch Teile des Eisschilds von Westantarktika abzuschmelzen.

Noch besorgniserregender ist es, dass auch der Totten-Gletscher in Ostantarktika, der ebenfalls auf Meerwasser aufschwimmt, abzuschmelzen beginnt, was niemand vorhergesagt hat.

Und Satelliten- sowie Oberflächenmessungen zeigen, dass auch in der nördlichen Hemisphäre der Eisverlust zunimmt. Der Verlust am Grönländischen Eisschild hat sich um 600 Prozent vergrößert, von 34 Gigatonnen pro Jahr in den späten Neunzigerjahren auf 215 Gigatonnen jährlich nur zehn Jahre später.

Eine Gigatonne entspricht 1000 Millionen Tonnen.

Grönlands am schnellsten fließender Gletscher ist der Jakobshavn-Gletscher, der nun im Sommer mit einer Geschwindigkeit von 17 Kilometern pro Jahr, also fast 50 Meter pro Tag, abfließt. Das ist die höchste Geschwindigkeit, die man je bei einem Polargletscher oder einem Eisstrom festgestellt hat.

Dieser Gletscher sorgt für einen Abfluss von 7 Prozent des Eisschildes. Etwa 35 Milliarden Tonnen Eisberge entlässt er Jahr für Jahr ins Meer.

Einer seiner Eisberge soll für das Sinken der Titanic im Jahr 1912 verantwortlich sein.

Zu diesem Eisverlust in der Antarktis und in Grönland kommen noch weitere Beobachtungen anhand von Satellitenbildern. Diese zeigen, dass 90 Prozent der Gletscher und Eiskappen weltweit abschmelzen.

Historische Aufzeichnungen zeigen, dass einige Gletscher, vor allem in Europa, schon Mitte des 19. Jahrhunderts an Masse verloren. Dies war möglicherweise eine Reaktion auf das Ende der Kleinen Eiszeit.

Doch die Satellitenbilder zeigen, dass sich dieser Masseverlust in den letzten dreißig Jahren beschleunigt hat.

Durch Analyse der Schwankungen im Gravitationsfeld der Erde im Gefolge der Masseveränderungen von Eisdecke und Ozeanen lässt sich sagen, dass die Eisschmelze für etwa die Hälfte des zu beobachtenden Meeresspiegelanstiegs verantwortlich ist.

Von einer minimalen Quote abgesehen, die auf der menschlichen Nutzung des Grundwassers beruht, ist der Rest des Anstiegs auf thermale Expansion zurückzuführen.

Anders ausgedrückt: Das Wasser wird wärmer.

Wir wissen, dass die Erwärmung nicht auf eine vermehrte Helligkeit der Sonne zurückgeht, denn Satelliteninstrumente messen den Energiefluss von der Sonne seit den späten Siebzigerjahren recht genau.

Außerdem stellen wir fest, dass sich die untere Atmosphäre und die Erdoberfläche erwärmen. Weiter oben in der Atmosphäre allerdings wird es kühler.

Wäre die Sonne der Grund für die Erwärmung, würden sich auch die oberen Schichten der Atmosphäre erwärmen.

Wenn wir also verstehen wollen, weshalb das Eis auf der Erde schmilzt und die Ozeane sich erwärmen, müssen wir uns fragen, was in der Atmosphäre geschieht, vor allem mit den Spurengasen – Wasserdampf, Methan und Kohlendioxid.

Diese Gase sind, verglichen mit Stickstoff oder Sauerstoff, in unserer Atmosphäre nur in geringen Mengen vorhanden. Doch sie haben massive Auswirkungen auf die Temperaturen auf unserem Planeten.

Wasserdampf, Methan und Kohlendioxid behindern die Abgabe von Wärme von der Erdoberfläche.

Diesen Effekt nennt man den »Treibhaus-Effekt«. Er sorgt dafür, dass die Erdoberfläche eine Durchschnittstemperatur von 15 Grad Celsius aufweist.

Ohne den Treibhaus-Effekt läge die Durchschnittstemperatur bei –15 Grad Celsius.

Leben, wie wir es kennen, wäre damit unmöglich.

Wir können den Veränderungen in der Atmosphäre nachgehen, indem wir die Zusammensetzung von Eisbohrkernen studieren, die man aus Eisschilden und Gletschern in Grönland beziehungsweise der Antarktis gewinnt.

Die Möglichkeit, diese Eisbohrkerne zu untersuchen, wird von vielen Wissenschaftlern als größter Fortschritt der geowissenschaftlichen Forschung des 20. Jahrhunderts betrachtet.

Jahr für Jahr legt der Schneefall eine neue Schicht auf das Eis und schließt in Bläschen die Luft seiner Zeit ein.

Die tiefste Bohrung im Eis der Antarktis reichte mehr als 3000 Meter tief. Sie enthält quasi die »Aufzeichnung« der Luftqualität der letzten 800 000 Jahre.

Als Direktor des British Antarctic Survey besuchte ich bei einer meiner Reisen in die Antarktis 2002 auch die europäische Bohrstation, die man Dome C nennt.

Ich sah zu, wie ein fünf Meter langes Stück eines Eisbohrkerns, das fast eine halbe Million Jahre alt war, aus einer Tiefe von nicht ganz 3000 Metern entnommen wurde.

Es dauerte eine Stunde, den Bohrer so weit abzusenken, ein paar Minuten, den Bohrkern zu ziehen, und eine gute Stunde, ihn an die Oberfläche zu holen.

Dabei gibt es regelmäßig auch Verschnitt, kleine Eisstückchen, die mit dem Bohrkern nach oben befördert werden, aber für die Wissenschaft nicht von Nutzen sind.

Ich habe mir ein Stück davon mitgenommen.

Als Wissenschaftler versuche ich natürlich immer, objektiv und leidenschaftslos zu bleiben.

Aber da stand ich nun, in einem Teil der Welt, der mich schon als Kind fasziniert hatte, als ich in meinem Atlas die Worte »Noch nicht erforscht« gelesen hatte, und hielt ein Stück Eis in der Hand, das, seit der Mensch die Erde bevölkert, noch nie das Licht des Tages erblickt hatte.

Ich lauschte, wie die Eisbläschen platzten und das Eis knisterte, während es in meiner Hand schmolz.

Ich atmete die Luft, die frei wurde, Luft, die bislang im Eis eingeschlossen gewesen war.

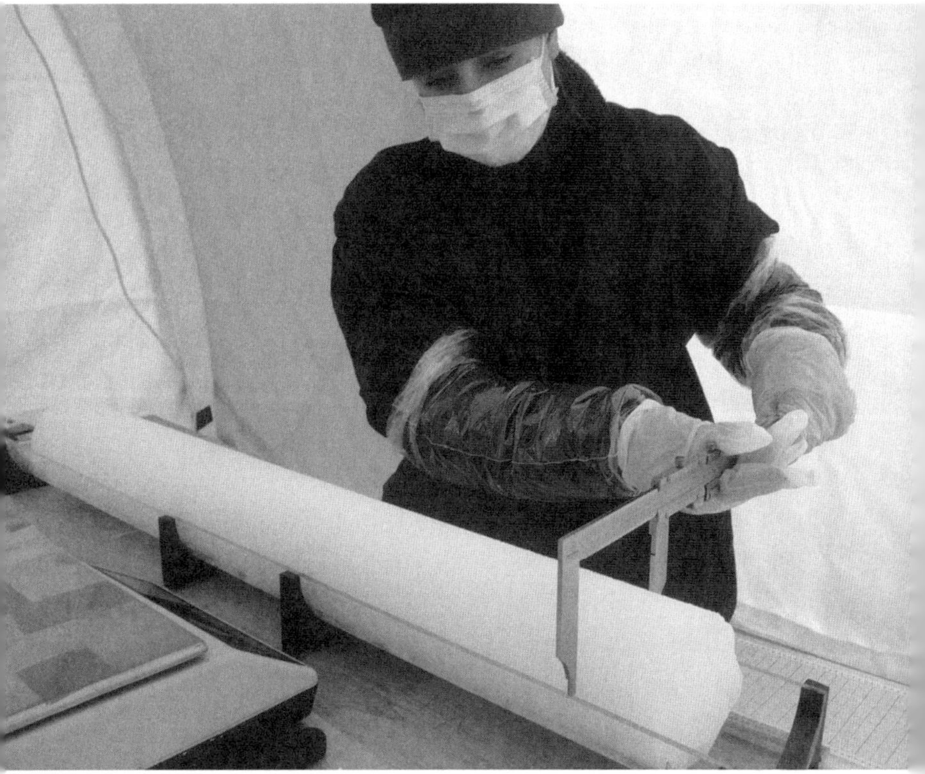

Oben: *Verarbeitung eines antarktischen Eisbohrkerns*

Rechts: *Bläschen »alter« Luft, die in einer Scheibe eines Eisbohrkerns eingeschlossen sind*

Wenn man diese Luft untersucht, lässt sich daraus das Verhältnis von Methan und Kohlendioxid über diesen ganzen Zeitraum feststellen.

Wir schmelzen das Eis und messen das Verhältnis der verschiedenen Wasserstoff- und Sauerstoffisotope im Schmelzwasser. Diese zeigen uns die globale Geschichte der Temperatur auf.

Und sie ermöglichen uns, die Beziehung zwischen den Spurengasen und der Temperatur zu erforschen.

Die Daten aus den Eisbohrkernen zeigen eine fast vollkommene Übereinstimmung zwischen den Zeitkurven der globalen Temperatur und denen der atmosphärischen Konzentration von Kohlendioxid und Methan.

Wenn die Temperatur ansteigt, werden Kohlendioxid und Methan aus der Biosphäre von Meer und Land frei. Diese verursachen dann einen weiteren Temperaturanstieg, weil sie den Treibhaus-Effekt verstärken.

Das Gegenteil passiert in Phasen der Abkühlung.

Zeitleiste der Schwankungen von Kohlendioxid in der Atmosphäre und der Temperatur über die letzten acht Kaltzeiten. Die obere Kurve zeigt die Kohlendioxidkonzentration, die untere die Temperaturabweichungen in der Antarktis. Gewonnen wurden diese Daten durch die Untersuchung von Eisbohrkernen.

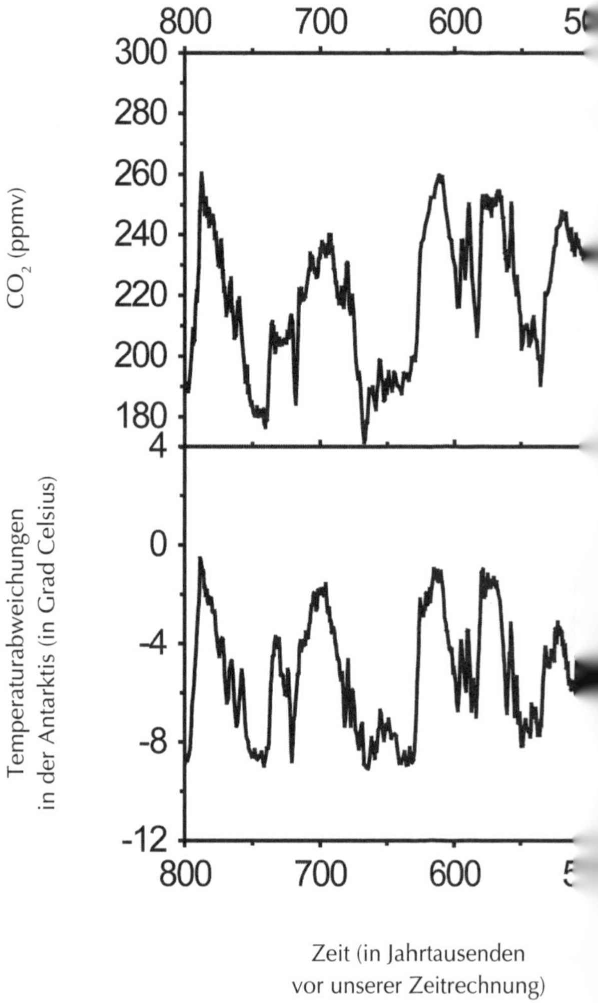

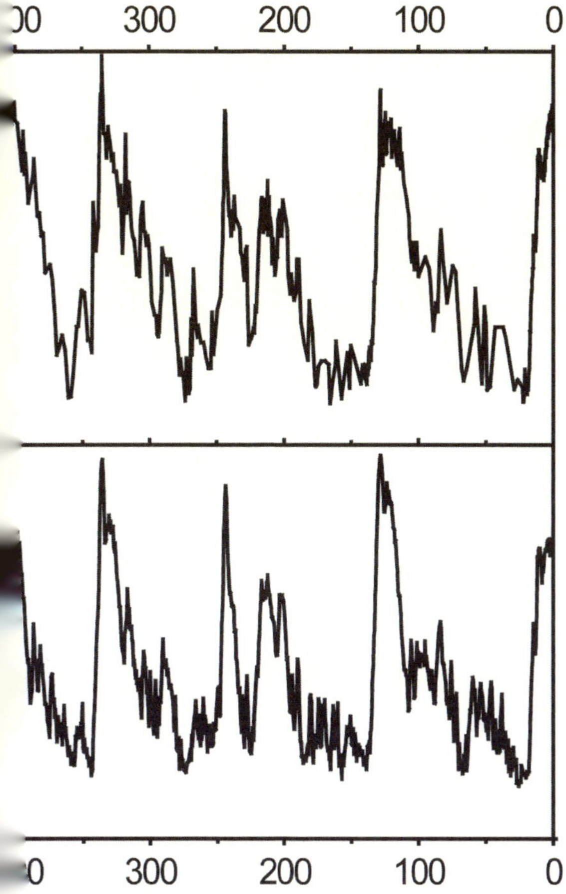
300
200
100
0
300
200
100
0

Während der Kaltphase jedes jüngeren glazialen Zyklus fiel die Konzentration von Kohlendioxid in der Atmosphäre jedes Mal auf 180 ppm (parts per million), wenn die globale Durchschnittstemperatur um etwa 5 Grad Celsius sank.

In den Wärmephasen hingegen lag die Kohlendioxidkonzentration bei einem Wert von 300 ppm.

Im letzten Jahr erreichte die Kohlendioxidkonzentration in der Atmosphäre einen Wert von 400 ppm.

Atmen Sie mal tief ein.

Wir sind die ersten menschlichen Wesen, die Luft mit einer so hohen Konzentration an Kohlendioxid atmen.

Das war, den aktuellen Aufzeichnungen zufolge, noch nie da.

Der Anstieg im letzten Jahrhundert beträgt 100 ppm: Der Wert liegt genauso hoch wie bei einem Wechsel von einer Kaltzeit zu einer interglazialen Warmzeit – nur dass der Anstieg diesmal mehr als hundertmal schneller vor sich geht.

Diese Konzentration in einer Warmzeit wurde mit Sicherheit in den letzten 800 000 Jahren nicht erreicht (wenn man die Daten der Eisbohrkerne auswertet) und vermutlich auch nicht in den letzten 2 Millionen Jahren (wenn man geologische Belege heranzieht).

Die Atmosphäre erwärmt sich, weil der globale Kohlenstoffkreislauf gestört ist.

Der globale Kohlenstoffkreislauf ist der jährliche Austausch zwischen den Kohlenstoffreservoirs in der Atmosphäre, der Biosphäre an Land, der Lithosphäre und dem Ozean.

Dieser Austausch ist Resultat verschiedener chemischer, physikalischer, geologischer und biologischer Prozesse.

Wenn zum Beispiel im Frühling Pflanzen an Land oder im Meer heranwachsen, ziehen sie Kohlendioxid aus der Atmosphäre. Dieses wird später wieder freigesetzt, wenn die Pflanzen absterben und verrotten.

Im Ozean sorgen biologische Prozesse dafür, dass ein feiner Kohlenstoffregen auf den Grund des Meeres sinkt, wo der Kohlenstoff gespeichert wird und nicht mehr entweichen kann.

Vulkanausbrüche wiederum schleudern den in den Steinen gebundenen Kohlenstoff in die Atmosphäre.

Der physikalische Austausch zwischen Atmosphäre und Ozean läuft wie folgt ab: Kaltes, dichtes Meerwasser bindet Kohlendioxid aus der Atmosphäre, das mit den kalten Wassermassen auf den Meeresgrund absinkt. Warmes Wasser hingegen steigt auf und gibt das gebundene Kohlendioxid wieder an die Atmosphäre ab.

Diese Austauschprozesse bewegen weit größere Mengen Kohlendioxid, als wir Menschen es produzieren – doch vor der Industrialisierung gab es hier ein dynamisches Gleichgewicht.

1712 erfand Thomas Newcomen die Dampfmaschine. Das löste eine Kettenreaktion von technologischen und wissenschaftlichen Innovationen aus, die die ganze Welt umgestalteten, angetrieben vom Wunsch nach Gewinn und nach einem besseren Leben.

Diese Revolution schuf die moderne Welt.

Getrieben wurde sie von billigen und leicht abbaubaren fossilen Energieträgern, die sich vorher im Karbon über Hunderte Millionen Jahre im Boden angereichert hatten und dort durch Druck zu Kohle, Erdöl und Gas wurden.

Seit den Fünfzigerjahren stiegen ständig: das Bevölkerungswachstum, das Bruttoinlandsprodukt, der Verbrauch von Dünger und Wasser, die Anzahl der Autos und Flüge sowie viele andere menschliche Aktivitäten. Man nennt diese Zeit daher auch die »Große Beschleunigung«.

All diese Aktivitäten haben dazu geführt, dass wir mittlerweile 10000 Tonnen Kohlenstoff pro Jahr verbrennen – und auch dieser Wert wächst nach wie vor um 2 Prozent pro Jahr.

Bislang haben wir insgesamt 530 000 Millionen Tonnen Kohlenstoff verbrannt.

Ein Viertel des dabei entstehenden Kohlendioxids wurde von der Vegetation an Land absorbiert, die entsprechend gedieh. Ein weiteres Viertel nahm der Ozean auf, der dadurch deutlich saurer wurde.

Der Rest wird für Hunderttausende von Jahren in der Atmosphäre bleiben, denn es braucht sehr lange, um auf natürlichem Wege, zum Beispiel durch Verwitterung von Gestein, Kohlendioxid aus der Atmosphäre zu ziehen.

Daher hat sich seit Beginn der industriellen Revolution die Konzentration von Kohlendioxid in der Atmosphäre um 40 Prozent erhöht.

Der menschliche Einfluss auf den Planeten war in den letzten Jahrzehnten so massiv, dass viele Menschen den Eindruck haben, wir hätten der klimatischen Stabilität des Holozäns ein für alle Mal ein Ende gesetzt und seien damit in ein neues Zeitalter eingetreten.

Das »Anthropozän«.

Das gestörte energetische Gleichgewicht, das sich im Ozean zeigt und das von steigenden Temperaturen beziehungsweise dem Verlust an Eis bestätigt wird, ist unser Werk. Es handelt sich dabei um eine unbeabsichtigte Konsequenz aus unserem Verbrauch fossiler Brennstoffe.

In meinen Augen sind die Belege dafür überzeugend.

Doch die Folgen sind so tief greifend, dass wir uns eingehender damit auseinandersetzen müssen.

Diese Auseinandersetzung erfordert eine nahezu übermenschliche Anstrengung.

Diese Aufgabe wurde dem Intergovernmental Panel of Climate Change (IPCC oder Zwischenstaatlicher Ausschuss zum Klimawandel) übertragen. Dieses wurde 1988 vom Umweltschutzprogramm der Vereinten Nationen und der Weltorganisation für Meteorologie ins Leben gerufen.

Seine Aufgabe ist es, die wissenschaftlichen Daten zu sichten und auszuwerten, um der Klimarahmenkonvention der Vereinten Nationen eine Grundlage für strategische Entscheidungen zu liefern.

Die Klimarahmenkonvention ist ein internationales Abkommen von 195 Nationen, das 1992 auf dem Earth Summit in Rio de Janeiro unterzeichnet wurde.

Sein Ziel ist es, »die Konzentration der Treibhausgase in der Atmosphäre auf einem Niveau zu stabilisieren, das verhindert, dass der Mensch das Klimasystem negativ beeinflusst«.

Das IPCC hat drei Arbeitsgruppen. Arbeitsgruppe I sichtet und bewertet die wissenschaftlichen Informationen über den menschengemachten Klimawandel.

Arbeitsgruppe II kümmert sich um die Auswirkungen des Klimawandels auf Mensch und Umwelt.

Arbeitsgruppe III konzentriert sich auf die strategischen und praktischen Möglichkeiten zur Anpassung an den beziehungsweise zur Reduktion des vom Menschen verursachten Klimawandels.

Seit seiner Gründung hat das IPCC fünf Sachstandsberichte veröffentlicht, also etwa einen alle fünf Jahre.

Jeder dieser Sachstandsberichte umfasst einen ausführlichen technischen Bericht, einen sogenannten Synthesebericht, die Zusammenfassung der Schlussfolgerungen für politische Entscheidungsträger. Gerade dieser wird von Regierungsvertretern der beteiligten Nationen geprüft und verabschiedet.

Der letzte Bericht von Arbeitsgruppe I – der sogenannte Fünfte Sachstandsbericht – wurde im September 2013 veröffentlicht.

Dabei handelt es sich vermutlich um das am eingehendsten geprüfte wissenschaftliche Dokument der Geschichte – ja vermutlich um das am genauesten geprüfte Dokument überhaupt.

Der Bericht wurde von 209 Wissenschaftlern erstellt, die weltweit als Kapazitäten in ihrem Fach gelten.

Sie wurden von mehr als 600 »beitragenden Autoren« aus zweiunddreißig Ländern unterstützt und von fünfzig »Review Editors« aus neununddreißig Ländern.

Von mehreren zehntausend Publikationen, die dabei geprüft wurden, wurden 9200 zitiert.

Die Autoren dieser Publikationen standen Rede und Antwort zu 54677 Kommentaren von 1089 Prüfern weltweit. Der Schlusstext wurde von den Vertretern von 195 Regierungen verabschiedet.

Der Technische Bericht von Arbeitsgruppe I umfasst 1535 Seiten und wiegt 4,25 Kilogramm.

Und welche Schlussfolgerungen haben die Wissenschaftler nun gezogen?

Im Hinblick auf die Atmosphäre: In jedem der letzten drei Jahrzehnte hat sich die Erdoberfläche sukzessive stärker erwärmt als in allen vorangehenden Jahrzehnten seit 1850.

Auf der Nordhalbkugel war der Zeitraum von 1983 bis 2013 vermutlich der wärmste seit 1400 Jahren.

Von 1850 bis 2012 ist die Durchschnittstemperatur der Erd- und Meeresoberfläche um insgesamt 0,8 Grad Celsius gestiegen.

Die Wissenschaftler fügen hinzu, dass trotz der Erwärmung an und nahe der Oberfläche die obere Atmosphäre sich abkühlt, was die Sonne als Verursacher der Erwärmung ausschließt.

Und sie geben an, dass Hitzewellen und andere extreme Wetterereignisse seit 1950 in allen Regionen der Welt zunehmen.

Im Hinblick auf die Kryosphäre: Der Masseverlust bei den Gletschern weltweit sowie an den Eisschilden in Grönland und der Antarktis hat sich dramatisch beschleunigt – vor allem in den letzten dreißig Jahren.

Der Verlust an Gletschermasse ist global um etwa 20 Prozent gestiegen, der Masseverlust an den Eisschilden aber um 600 Prozent.

Die Wissenschaftler geben an, dass sich die Ausdehnung des arktischen Meereises im Sommer in den letzten dreißig Jahren zwischen 9 und 14 Prozent pro Jahrzehnt verringert hat.

Es gibt Belege dafür, dass in den letzten 1450 Jahren ein derartiges Ausmaß nicht erreicht wurde.

Im Gegensatz dazu hat die Ausdehnung des antarktischen Meereises im Winter zugenommen, und zwar um 1,5 Prozent pro Jahrzehnt.

Dies scheint auf einen Wandel in den Windströmungen über dem Südpolarmeer zurückzugehen, die sich durch das gestörte energetische Gleichgewicht des Planeten intensiviert haben.

Und es gibt noch einen Beleg für die globale Erwärmung: Die Schneedecke auf der Nordhalbkugel hat im Sommer um rund 12 Prozent pro Jahr abgenommen. Außerdem steigen die Temperaturen in den Permafrostgebieten.

In Teilen von Nordalaska wurde seit den Achtzigerjahren eine Erwärmung von 3 Grad Celsius festgestellt, in Teilen von Russland beträgt sie bis zu 2 Grad Celsius. Die Permafrostschicht in den betroffenen Gebieten hat an Dicke und Ausdehnung verloren.

Im Hinblick auf die Hydrosphäre: Die Energiezunahme im Klimasystem zeigt sich hauptsächlich durch die Erwärmung der Ozeane. 90 Prozent der zwischen 1971 und 2010 freigesetzten Energie wurden dort gespeichert.

Der weltweite Anstieg des mittleren Meeresspiegels zwischen 1993 und 2010 geht zu 39 Prozent auf thermale Expansion des erwärmten Wassers zurück, zu 48 Prozent auf das geschmolzene Eis und zu 13 Prozent auf die Abnahme der Speicherung von Wasser an Land.

Die Wissenschaftler bestätigen, dass die Ozeane etwa 30 Prozent der vom Menschen verursachten Kohlendioxid-Emissionen aufgenommen haben. Dies hat dazu geführt, dass die Meere allmählich saurer werden.

Im November 2014 erschien der Synthesebericht des IPCC.

Darin steht unter anderem: »Die Erwärmung des Klimasystems ist eindeutig. Viele der seit den Fünfzigerjahren beobachteten Veränderungen sind in Jahrzehnten oder Jahrtausenden noch nie da gewesen.«

»Die Atmosphäre und die Ozeane haben sich erwärmt. Die Menge an Schnee und Eis hat sich verringert. Der Meeresspiegel ist gestiegen.«

Weiter heißt es: »In den letzten Jahrzehnten haben die Veränderungen im Klima deutliche Auswirkungen auf natürliche und menschliche Systeme auf allen Kontinenten und Ozeanen gehabt.«

»Diese Auswirkungen gehen auf den beobachteten Klimawandel zurück, ganz egal, worin seine Ursache liegen mag. Sie belegen die Anfälligkeit natürlicher und menschlicher Systeme für den Klimawandel.«

Was die Ursachen des Klimawandels angeht, sagt das IPCC ganz klar, dass die Sonne für die beobachteten Phänomene nicht verantwortlich sein kann.

Es fügt hinzu: »Es ist sehr wahrscheinlich, dass mehr als die Hälfte der beobachteten Zunahme der mittleren Temperatur der Erdoberfläche zwischen 1951 und 2010 auf die anthropogene Erhöhung der Konzentration der Treibhausgase und andere anthropogene Faktoren zurückgeht.«

Und es fährt fort: »Die wahrscheinlichste Einschätzung des menschengemachten Beitrags zur Erwärmung ist es, ihn der aktuell beobachteten Erwärmung gleichzusetzen.«

Anders ausgedrückt: Es gibt hinreichende Belege, dass die *gesamte* Erwärmung seit 1950 auf menschliches Handeln zurückgeht, auf uns also.

Und der Bericht schließt: »Die weitere Freisetzung von Treibhausgasen wird zu einer weiteren Erwärmung und zu Veränderungen in allen Teilen des Klimasystems führen.«

»Den Klimawandel zu begrenzen erfordert eine substanzielle und nachhaltige Reduzierung der Treibhausgas-Emissionen, die zusammen mit Anpassungsstrategien die Risiken des Klimawandels begrenzen kann.«

John Kerry, der US-Außenminister, fasste die Ergebnisse wie folgt zusammen: »Wenn man den Sachstandsbericht aufs Wesentliche reduziert, kommt Folgendes heraus: Der Klimawandel ist real. Er ist bereits im Gang. Der Mensch ist die Ursache des Wandels. Und nur rechtzeitiges Handeln von seiner Seite kann die Welt vor den schlimmsten Auswirkungen bewahren.«

Die Arbeitsgruppe I des IPCC berücksichtigte Publikationen bis zum Juli 2013.

Doch die Wissenschaft ruht nie. Seitdem gab es weitere interessante Resultate.

Das Argo-Treibbojennetz und Messdaten von Schiffen zeigen, dass der Anstieg des Meeresspiegels in den letzten fünfzehn Jahren zwar zum Stillstand gekommen ist, dass die Ozeane aber trotzdem energiereicher geworden sind. Diese Energie wird irgendwann in die Atmosphäre abgegeben werden.

Neue Daten vom Cryosat-Satelliten zeigen, dass sich der Verlust an Eismasse in Grönland und der Antarktis in den letzten drei Jahren verdoppelt hat.

Einige Experten gehen davon aus, dass der Masseverlust am westantarktischen Eisschild sich mittlerweile nicht mehr rückgängig machen lässt und dass allein dies den Meeresspiegel in wenigen hundert Jahren um 1 bis 2 Meter ansteigen lassen wird.

Die Länder, die die Klimarahmenkonvention der Vereinten Nationen ratifiziert haben, haben sich aufgrund wissenschaftlicher Daten und Analysen ihrer Konsequenzen für eine Grenze entschieden, ab der der Klimawandel als »gefährlich« eingestuft wird.

Diese Grenze liegt bei einem Temperaturanstieg von mehr als 2 Grad Celsius gegenüber dem Niveau der vorindustriellen Zeit.

Aktuell haben wir einen Temperaturanstieg von 0,8 Grad Celsius zu verzeichnen.

Zwei Drittel dieses Anstiegs gehen auf die Zeit seit 1980 zurück.

Um unter dem 2-Grad-Ziel zu bleiben, muss nach wissenschaftlichen Angaben der menschenverursachte Ausstoß an Kohlendioxid bis 2050 auf 50 Prozent des aktuellen Niveaus fallen, danach auf null.

Also gar nichts.

Das bedeutet, dass wir 75 Prozent der bekannten Lagerstätten fossiler Brennstoffe unangetastet lassen. Sie wären damit wirtschaftlich wertlos.

Die Temperatur, bei der das System stabil bleibt, hängt von der Gesamtmenge des Kohlenstoffes ab, den wir in die Atmosphäre blasen, und nicht von der Geschwindigkeit, mit der er freigesetzt wird.

Wenn wir also unsere Kohlenstoff-Emissionen auf null begrenzen, senkt das die Temperatur noch nicht. Es verhindert nur, dass der Anstieg mehr als 2 Grad beträgt.

Die Temperatur wird dann sehr lange auf diesem Niveau bleiben, denn das bislang freigesetzte Kohlendioxid bleibt Hunderttausende von Jahren in der Atmosphäre.

Damit aber wird automatisch die Menge des Kohlenstoffs begrenzt, den wir verbrennen können.

Das IPCC gibt für diese Menge einen Wert von 800 Gigatonnen an.

Und es schätzt die bislang freigesetzte Menge auf 530 Gigatonnen Kohlenstoff.

Das heißt: Wir haben noch 270 Gigatonnen übrig.

Aktuell verbrennen wir 10 Gigatonnen pro Jahr. Uns bleiben also noch siebenundzwanzig Jahre. Danach müssen die Kohlenstoff-Emissionen aufhören.

Nehmen wir einmal an, wir fangen dieses Jahr damit an, unsere Emissionen zu verringern, und bleiben damit unter der Grenze von 800 Gigatonnen.

Dann wird sich das Kohlendioxid in der Atmosphäre bei einem Wert von 450 ppm stabilisieren.

Die Temperatur wird noch länger schwanken, da sie von der Kohlendioxidkonzentration abhängig ist. Doch auch ihr Anstieg wird sich irgendwann auf 2 Grad Celsius einpendeln.

CO_2-Konzentration, Temperatur und Meeresspiegel steigen noch weiter, lange nachdem die Emissionen reduziert wurden.

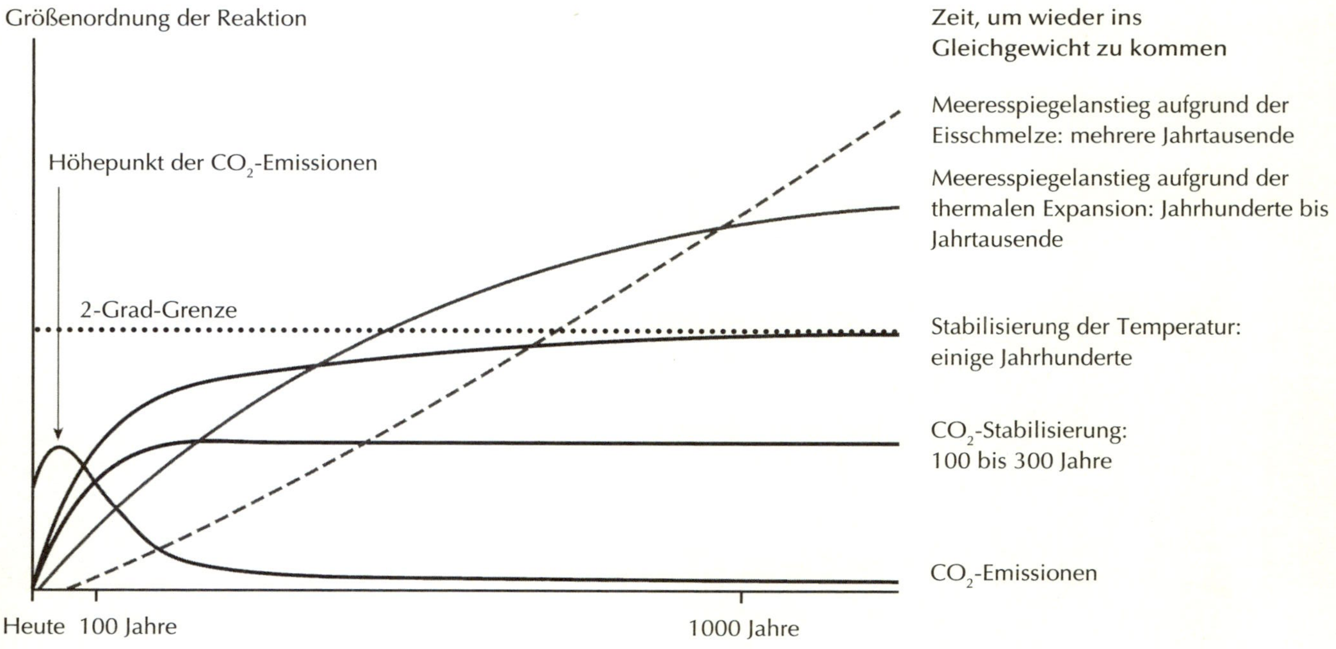

Die Ozeane werden sich also weiterhin erwärmen, und das Eis wird weiterhin schmelzen.

Der mittlere globale Meeresspiegel wird weiterhin ansteigen.

Es wird Hunderte von Jahren dauern, aber am Ende wird er sich auf einem bestimmten Niveau einpendeln. Frühere Warmzeiten zeigen, dass er dann vermutlich um 2 bis 3 Meter höher liegen wird als heute.

Wenn wir uns noch länger Zeit lassen, unsere Kohlenstoff-Emissionen zu verringern, müssen wir sie nur noch schneller herunterfahren, um die Grenze von 800 Gigatonnen nicht zu überschreiten.

Berechnungen zeigen: Wenn wir erst im Jahr 2020 damit anfangen – also in nur fünf Jahren –, dann müssen wir die Emissionen schon um 6 Prozent pro Jahr senken (und zwar Jahr für Jahr), um das 2-Grad-Ziel noch zu erreichen.

6 Prozent hört sich nicht nach viel an, aber ein Blick auf die Geschichte zeigt, dass bereits Reduktionen von 1 Prozent stets mit ökonomischem Abschwung oder Umstürzen verbunden waren.

Der Umstieg von Kohle auf Gas in Großbritannien und der französische Umstieg auf Atomenergie in den Siebziger- und Achtzigerjahren führten nur zu einer Reduktion der Emissionen um 1 Prozent pro Jahr.

Zu einer kurzfristigen Reduktion um 5 Prozent kam es, als die Sowjetunion zusammenbrach.

Und die 6 Prozent beziehen sich auf die Kohlenstoff-Emissionen der ganzen Welt.

Wir in den hochentwickelten Ländern müssen unsere Emissionen ohnehin stärker reduzieren, um den Entwicklungsländern ein entsprechendes Wachstum zu ermöglichen.

2014 erreichte Großbritannien eine Reduktion seiner Emissionen um 9 Prozent, weil es 20 Prozent seiner Energieversorgung von Kohle auf Gas umstellte, weil das Jahr ungewöhnlich warm war und es daher einen geringeren Energieverbrauch gab.

Dies zeigt, dass ein Fortschritt dieser Größenordnung auf nationaler Ebene durchaus möglich ist.

Doch um die nötige Reduktion weltweit zu erzielen, ist internationale Zusammenarbeit erforderlich.

Dazu braucht es nicht mehr und nicht weniger als die größte kollektive Aktion in der Geschichte der Menschheit.

Im Dezember 2015 werden sich Vertreter von 195 Nationen in Paris treffen, um ein Abkommen auszuhandeln, das die Welt auf das 2-Grad-Ziel einschwört.

Das neue Abkommen zielt auf eine glaubhafte und faire Emissions-Verringerung ab, auf gesetzlich bindende Verpflichtungen aller Länder – je nach Bruttoinlandsprodukt, Einsparpotenzial und Beitrag zu früherem und künftigem Klimawandel jeder Nation. Dabei sollen die am höchsten entwickelten Länder den höchsten Beitrag zur Reduktion leisten.

Der Zynismus, mit dem man der Pariser Klimakonferenz begegnet, ist gerechtfertigt.

Denn die Vertreter dieser Nationen treffen sich seit mehreren Jahrzehnten, und die globalen Kohlenstoff-Emissionen haben trotzdem nicht abgenommen.

Doch es gibt hoffnungsvolle Zeichen auf Seiten führender Politiker und Regierungen. Der Druck durch die immer besser informierte Bevölkerung steigt.

Im letzten Jahr gingen weltweit 1 Million Menschen auf die Straße, um ihrer Sorge Ausdruck zu verleihen.

Im Vorfeld der Klimakonferenzen in Lima und Paris verkündeten US-Präsident Obama und der chinesische Staatspräsident Xi Jinping gemeinsame Maßnahmen gegen den Klimawandel.

Die USA haben sich zum Ziel gesetzt, bis 2025 ihre Kohlenstoff-Emissionen um 26 bis 28 Prozent gegenüber dem Niveau von 2005 zu verringern, und haben damit ihre Anstrengungen verdoppelt.

Obwohl die USA das Kyoto-Protokoll nicht unterzeichnet haben, bemüht sich das Land, seine Emissionen zwischen 2005 und 2020 um insgesamt 17 Prozent zu senken.

China hat enorme Luftverschmutzungsprobleme. Daher hat das Land beschlossen, die Energiegewinnung aus Kohle zu reduzieren. Es hat einen Markt für Emissionsrechte geschaffen und die Schaffung von Regionen mit deutlich reduziertem Kohlenstoffausstoß beschlossen.

Außerdem hat das Land angegeben, dass nach 2030 sein Kohlendioxid-Ausstoß nicht mehr ansteigen werde. Der Anteil an nichtfossilen Energieträgern soll bis 2030 mindestens 20 Prozent betragen, was gegenüber dem heutigen Niveau von 10 Prozent der Gesamtenergiegewinnung eine Verdopplung darstellt.

Indiens Premierminister Narendra Modi hat sich verpflichtet, die Solarenergie zu nutzen, um 300 Millionen Inder, die aktuell keinen Zugang zu Strom haben, zu versorgen.

Die Europäische Union hat sich zu einem Maßnahmenpaket verpflichtet, das die Kohlendioxid-Emissionen aus privaten Haushalten bis 2030 um 40 Prozent reduziert.

Die Nutzung erneuerbarer Energien soll auf insgesamt 27 Prozent ansteigen und die Energieeffizienz um mindestens 27 Prozent gesteigert werden.

Deutschland hat sich verpflichtet, seine Emissionen bis Ende 2020 um 40 Prozent zu reduzieren. Langfristiges Ziel des Landes ist es, bis 2050 insgesamt 80 Prozent seiner Energieversorgung aus erneuerbaren Energien zu decken.

In Großbritannien wurde 2008 parteiübergreifend der UK Climate Act beschlossen. Dies ist das weltweit erste nationale Gesetz zur langfristigen und umfassenden Emissionsreduktion. Darin wird festgeschrieben, dass Großbritannien seine Emissionen bis 2050 um 80 Prozent verringert.

Mittlerweile wurden weltweit in sechsundsechzig Ländern mit dem größten Kohlenstoffausstoß insgesamt 500 Gesetze zum Klimaschutz verabschiedet.

Obwohl die langen und zähen Verhandlungen rund um die UN-Klimarahmenkonvention von vielen als Fehlschlag betrachtet werden, haben sie doch zumindest ein Umfeld geschaffen, in dem Entscheidungsträger und gesetzgebende Instanzen zu positiven Ergebnissen kamen.

2005 trafen sich die Bürgermeister der vierzig größten Mega-Citys dieser Welt – zu denen auch London und Berlin gehören – und haben die C40 Cities Climate Leadership Group gegründet.

Diese 40 Städte haben miteinander 297 Millionen Einwohner. Dort werden 18 Prozent des Bruttoweltproduktes geschaffen. Und sie sind für 10 Prozent der globalen Kohlenstoff-Emissionen verantwortlich.

Gemeinsam haben sie 4734 Maßnahmen zur Milderung des Klimawandels beschlossen. Über drei Viertel dieser Maßnahmen wurden bereits umgesetzt.

Und nicht zuletzt ändern auch viele Privatpersonen ihren Lebensstil, um nicht weiter zum Klimawandel beizutragen: Sie installieren Solaranlagen. Sie verbessern die Energieeffizienz ihres Heims, ihres Autos und ihrer Elektrogeräte. Sie benutzen öffentliche Verkehrsmittel und vermeiden unnötige Reisen. Sie haben ihre Ernährung umgestellt und verzichten auf Aktivitäten, die weitere Kohlendioxid-Emissionen produzieren.

Immer mehr Menschen werden auch am Arbeitsplatz zu »Agenten des Wandels«. Und sie erheben ihre Stimme bei den für sie zuständigen Abgeordneten ihres Wahlkreises.

Zahllose Menschen informieren sich über das Thema und reden darüber mit Freunden, Familie und Bekannten.

Doch trotz all dieser Maßnahmen geht der Anstieg der Kohlenstoff-Emissionen weiter. 2013 stiegen sie um 2,1 Prozent. Mittlerweile haben wir 10 Gigatonnen pro Jahr erreicht, den höchsten Wert, den es je gab.

Was würde nun passieren, wenn wir das 2-Grad-Ziel nicht erreichen?

Die Arbeitsgruppe I des IPCC sagt vorher, dass wir bis zum Ende des Jahrhunderts einen Temperaturanstieg von 4 Grad Celsius verzeichnen könnten.

Bei einem Temperaturanstieg von 4 Grad Celsius käme es zu bisher noch nicht da gewesenen Wetter-Extremereignissen wie Hitzewellen, Dürren und Flutkatastrophen in vielen Regionen der Erde. Dies hätte einen gewaltigen Einfluss auf Ökosysteme sowie auf die Versorgung mit Nahrung und Wasser.

Da es über das Ausmaß und die Natur der Auswirkungen eines Temperaturanstiegs von 4 Grad Celsius keine absolute Sicherheit gibt, können wir auch nicht mit Sicherheit sagen, dass wir in einer um 4 Grad wärmeren Welt überleben könnten.

Eine um 4 Grad wärmere Welt würde schwere Schäden, Störungen und Verwerfungen in Gemeinden, Städten und Ländern zu verzeichnen haben. Viele dieser Risiken sind ausgesprochen ungleich verteilt.

Die Internationale Energieagentur gibt in ihrem Ausblick 2012 an, dass ohne weitere Reduktionsmaßnahmen eine Wahrscheinlichkeit von 40 Prozent besteht, dass die globale Temperatur bis zum Jahr 2100 um 4 Grad ansteigt. Die Chance, dass dieser Wert auf 5 Grad Celsius klettert, liegt immerhin noch bei 10 Prozent.

Keine Nation würde sich vor den Folgen eines solchen Klimawandels schützen können.

Unsere Infrastruktur wurde für das Klimasystem geschaffen, das wir geerbt haben. Sie ist nicht darauf ausgelegt, mit einem Klimawandel zurechtzukommen, den wir selbst provozieren.

Unsere Nahrungsmittel- und Wasservorräte, unsere Unterkünfte, unsere Industrie – Wohlstand und Wohlergehen – hängen von unserem Zugang zu Energie ab. Und unsere primäre Energiequelle sind im Moment fossile Brennstoffe.

Wir stehen also vor der Herausforderung, die gesamte Energieversorgung der Welt umzubauen.

Gleichzeitig müssen wir sicherstellen, dass die Energieversorgung sicher ist, dass Energie gleichmäßig verteilt und nachhaltig gefördert wird, damit sie für Wachstum sorgen kann.

Das Ausmaß unseres Kohlenstoffausstoßes hängt von folgenden vier Faktoren ab:

Der Anzahl der Menschen auf dem Planeten.

Dem Umfang der globalen Wirtschaft.

Der Menge an Energie, die nötig ist, um diese Wirtschaft zu versorgen.

Und der Menge an Kohlenstoff, die gebraucht wird, um diese Energie zu erzeugen.

Die Geschichte zeigt, dass sich am Bevölkerungswachstum wenig ändern lässt. Dieses steigt weiter an, wenn auch nicht mehr so schnell wie früher. Die Vereinten Nationen gehen davon aus, dass irgendwann in diesem Jahrhundert neun Milliarden Menschen auf der Erde leben werden.

Auch der Umfang der globalen Wirtschaft lässt sich kaum beeinflussen. Alle Regierungen streben nach Wachstum, davon hängen schließlich unser Wohlstand und unser Wohlergehen ab.

Es gibt also nur zwei Gebiete, auf denen wir aktiv werden können, um unsere Emissionen zu verringern.

Die Wirtschaft kann energieeffizienter gestaltet werden, so dass es weniger Verschwendung gibt.

Hier kann der Gesetzgeber Standards schaffen. Gleichzeitig können jeder Einzelne sowie die Gesellschaft als Ganzes ihr Verhalten ändern.

Viele entscheidende Strategien hierfür wurden schon umgesetzt. Es gab durchaus Fortschritte.

Aber wir haben unsere Emissionen immer noch nicht in dem Ausmaß reduziert, wie es nötig ist.

Bleibt also nur noch eines: Wir müssen den Kohlenstoffausstoß bei der Energiegewinnung reduzieren.

Das heißt zum einen, dass wir erneuerbare Energien wie Wind-, Solar-, Atomenergie oder Biomasse nutzen. Und dass wir, wo möglich, auf saubere oder kohlenstoffarme fossile Energieträger zurückgreifen.

Weltweit legt der Anteil der erneuerbaren Energien zu. 2013 wuchs er so schnell wie nie zuvor. Heute stammen 22 Prozent der weltweit verbrauchten Energie aus erneuerbaren Quellen.

Mehr als 250 Milliarden Dollar wurden 2013 in »grüne« Energieerzeugung investiert. Allerdings geht man davon aus, dass das Wachstum abgebremst wird, weil westliche Politiker versuchen, die finanziellen Anreize dafür zu senken.

Im Gegensatz dazu haben die Entscheidungsträger in China grüne Energie zur strategischen Priorität erklärt. Ihr Ziel ist es, Chinas Energie bis 2050 zu mehr als der Hälfte aus grünen Quellen zu gewinnen.

Das erklärt, weshalb die Investoren immer noch Vertrauen zeigen und ihr Geld in alternative Energien investieren.

Die Wachstumsraten von Windfarmen und Solarenergie-Anlagen in China, Indien und einigen kleineren Entwicklungsländern zeigen, dass sie drauf und dran sind, die reichsten Nationen der Welt zu überrunden.

In Großbritannien zum Beispiel werden trotz aller Bemühungen um grüne, erneuerbare und atomare Anlagen immer noch 70 Prozent der Energie für das Stromnetz aus der Verfeuerung von Kohle und Gas gewonnen, für den Transport sogar noch mehr.

Um die Reduktion unserer Kohlenstoff-Emissionen so weit voranzutreiben, dass es wirklich nützt, müssen wir alle sauberen Energien nützen, die uns augenblicklich zur Verfügung stehen. Und wir müssen neue Technologien finden und diese auf breiter Basis verfügbar machen.
Dies stellt eine gewaltige Herausforderung dar. Doch als Direktor eines Wissenschaftsmuseums, dessen Exponate und Archive vorzugsweise technische Innovationen dokumentieren, bin ich davon überzeugt, dass unser Planet zwar begrenzt ist, nicht aber der menschliche Einfallsreichtum.

Ich setze meine Hoffnung auf die Ingenieure.

Doch wir müssen die richtigen Voraussetzungen für Innovationen und deren Nutzung schaffen.

Ich möchte, dass Regierungen, Investoren und die Ingenieurs- und Wissenschaftlerzunft selbst ein Umfeld gestalten, das die enormen Anstrengungen ermöglicht, deren es bedarf, um durch Innovation und Ausbau vorhandener Technologien fossile Brennstoffe überflüssig zu machen – weil es Energie gibt, die billiger und sauberer ist als die noch nicht geförderten fossilen Brennstoffe.

Sobald diese Energie zur Verfügung steht, werden die Märkte für ihre Verbreitung sorgen.

Doch Fortschritt wird schwierig, wenn andere ökonomische Kräfte den Wandel verhindern wollen.

Die Internationale Energie-Agentur gibt an, dass die Förderung fossiler Brennstoffe immer noch mit 500 Milliarden Dollar öffentlicher Gelder pro Jahr subventioniert wird. Das ist sechsmal so viel, wie man für die Förderung erneuerbarer Energien ausgibt.

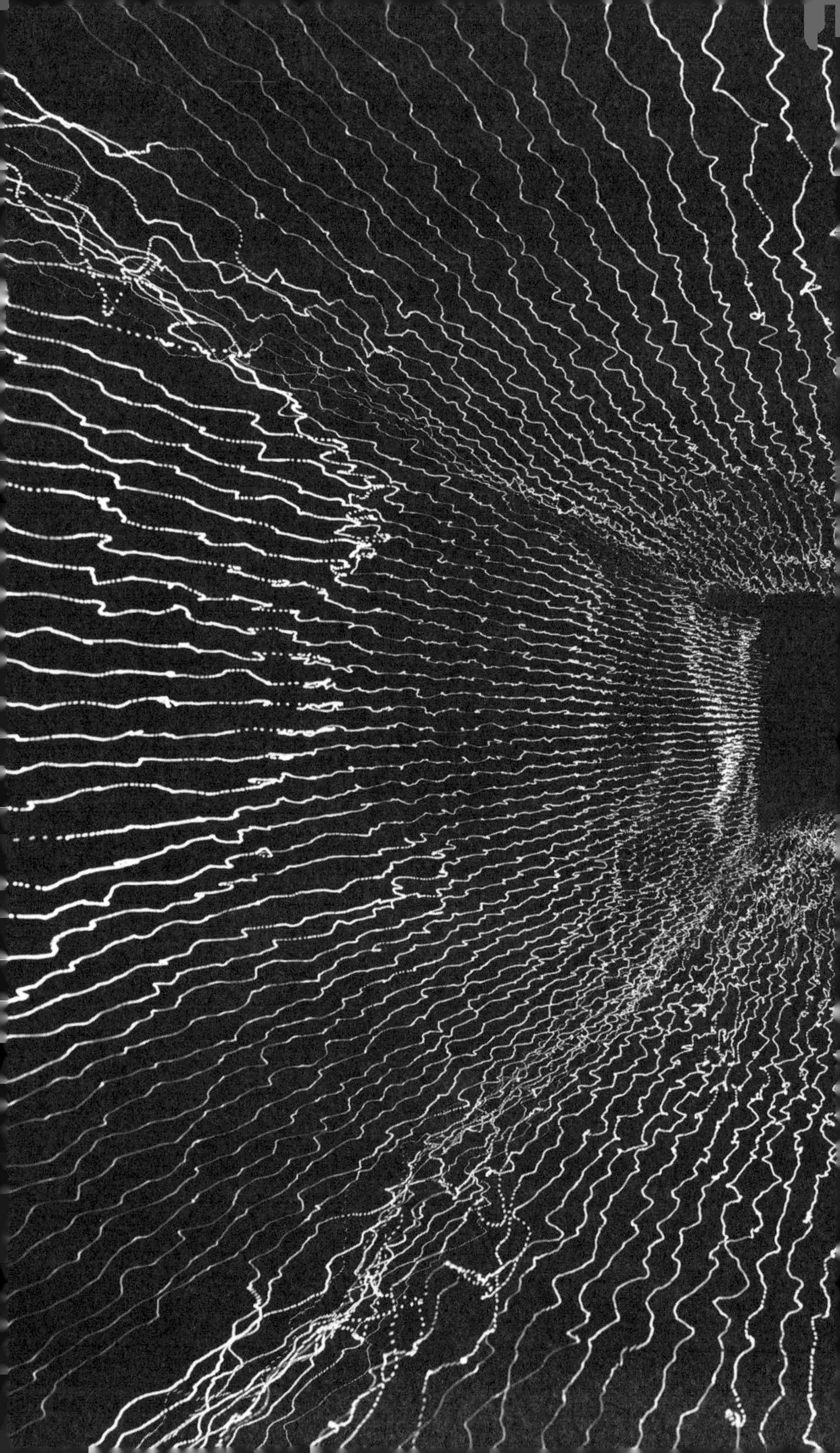

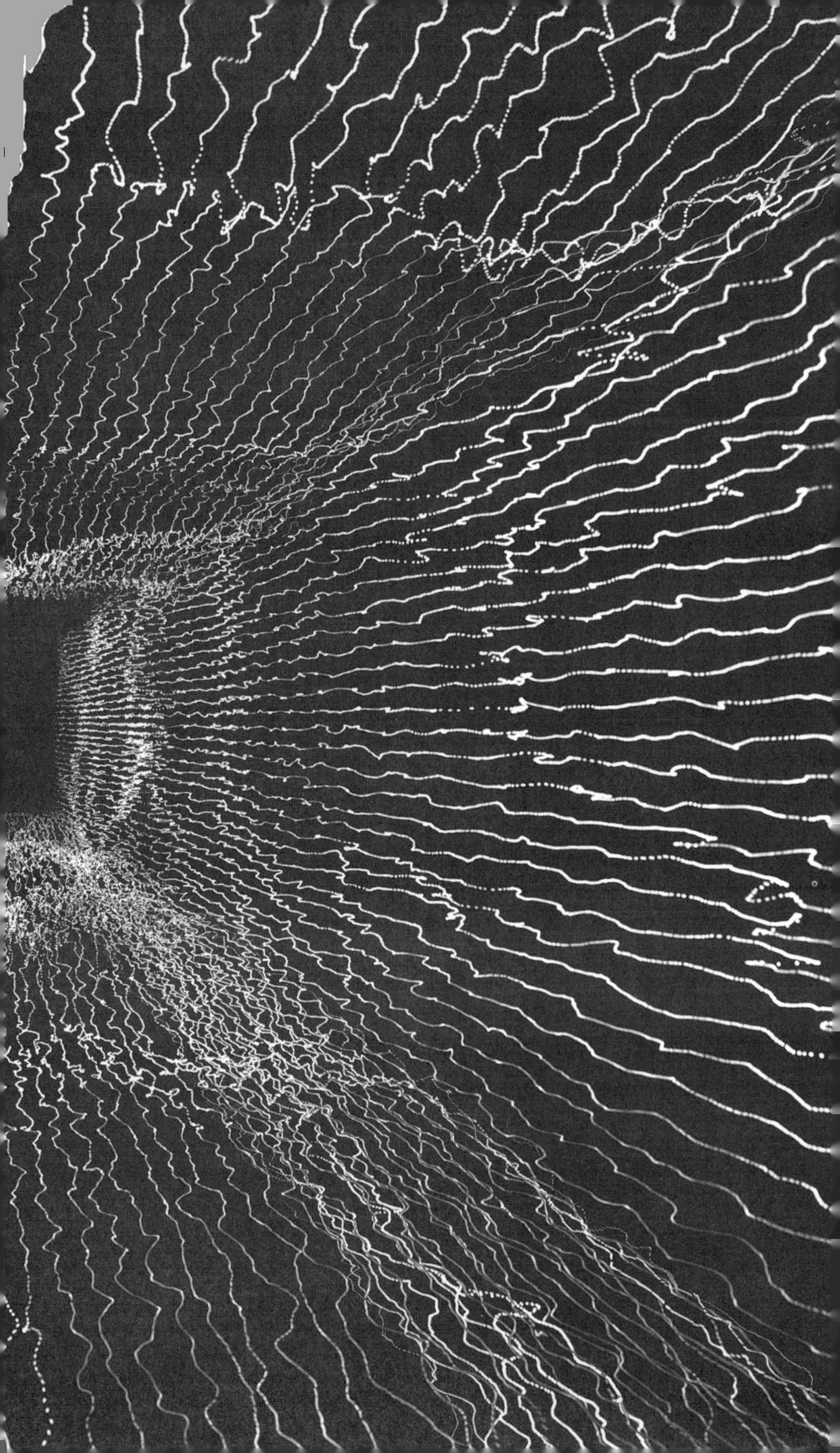

Ich denke an die unglaublichen kollektiven Anstrengungen zurück, die das erste Internationale Geophysikalische Jahr möglich gemacht haben. Damals wurde der erste Satellit zur Erforschung der Erde ins All geschickt, durch den kurz darauf mein erster Atlas überholt war – weil die Polarregion bald nicht mehr »noch nicht erforscht« war. Und ich sie in der Folge mehrere Dutzend Mal besuchen konnte.

Ich sehe mein ältestes Enkelkind an. Sie ist jetzt so alt, wie ich es in dem Jahr war, das die Welt verändern sollte.

Und ich sage zu ihr, dass ich finde, sie sollte Ingenieurin werden.

Sie wird 2071 so alt sein wie ich jetzt.

Ich versuche, mir das Jahr 2071 vorzustellen. Und dann 4071.

Oder 10071.

Wir alle sind abhängig von Energie. Fast alles, was wir tun, hängt irgendwie von Energie ab.

Die Produktion dieses Buches wird Kohlenstoffatome in Umlauf bringen, die im Jahr 2071 immer noch in der Luft sind, in der Luft, die meine Enkelin atmen wird.

Diese und alle anderen Kohlendioxid-Emissionen werden unser Erbe sein.

Die Wissenschaft kann nicht sagen, was richtig und was falsch ist.

Die Wissenschaft kann informieren, aber nicht urteilen, nicht entscheiden.

Die Wissenschaft kann sagen: Wenn wir noch mal eine halbe Billion Tonnen Kohlenstoff in die Luft blasen, wird der Kohlendioxidgehalt der Atmosphäre um weitere 100 ppm anwachsen. Das wird mit hoher Wahrscheinlichkeit zu einer Erwärmung des Planeten um mehr als 2 Grad Celsius führen. Dies wiederum wird unser Klimasystem aus dem Gleichgewicht bringen und stellt damit ein hohes Risiko für die Natur und den Menschen dar.

Doch die Wissenschaft kann keine Fragen nach Werten und Moral beantworten.

Sind die Armen der Welt uns gleichgültig? Sind uns künftige Generationen egal? Sehen wir die Umwelt als Teil der Wirtschaft oder die Wirtschaft als Teil der Umwelt?

Denn der eigentliche Punkt beim Klimawandel ist der: Er wurde zwar von der Wissenschaft aufgedeckt, doch es geht dabei nicht um wissenschaftliche Fragen, sondern letztlich nur darum, in welcher Welt wir leben wollen.

Welche Art Zukunft wollen wir gestalten?

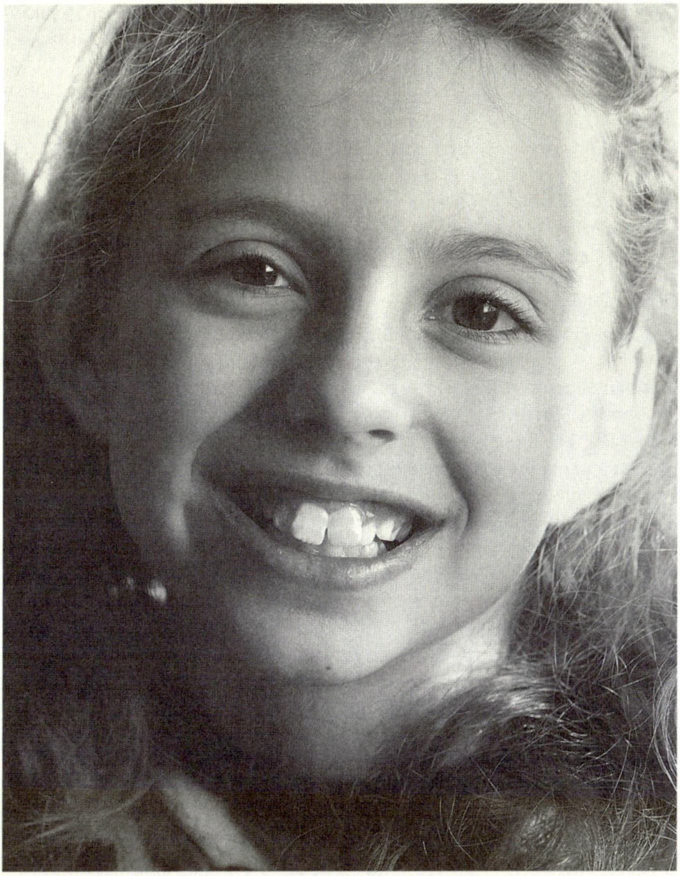

Die Autoren möchten Katie Mitchell danken, die das Theaterstück »2071« geschrieben und produziert hat. Ihre Energie und Begeisterung hat viel dazu beigetragen, dass es ein Erfolg wurde. Für das Sponsoring und die Unterstützung danken wir außerdem dem Royal Court Theatre London und dem Deutschen Schauspielhaus in Hamburg.